내 아이 기질을 알면 성장 방향이 보인다

내 아이 기질을 알면 성장 방향이 보인다

2026년 2월 13일 초판 1쇄 인쇄
2026년 2월 20일 초판 1쇄 발행

지은이 | 조미상
펴낸이 | 이병일
펴낸곳 | **더메이커**
전　화 | 031-973-8302
팩　스 | 0504-178-8302
이메일 | tmakerpub@hanmail.net
등　록 | 제 2015-000148호(2015년 7월 15일)

ISBN | 979-11-87809-62-3 (03590)

내 아이 기질을 알면 성장 방향이 보인다

조미상 지음

더메이커

자녀를 이해하는 출발,
타고난 기질과 적성의 세계로 초대합니다

당신이 낳은 자녀 어디까지 알고 계시나요?

세상의 모든 존재에는 저마다의 성질이 있습니다. 성질은 타고난 본바탕이자 고유한 특성으로, 쉽게 바뀌지 않습니다. 우리는 이런 타고난 성질을 흔히 '기질'이라 부릅니다. 기질은 유전적으로 주어지며, 연속성을 가지고 변화에 저항합니다. 그래서 성질이나 기질이 근본적으로 바뀌는 일은 거의 없습니다.

사람은 부모로부터 유전자를 물려받습니다. 아이의 기질 역시 부모로부터 시작됩니다. 그렇다면 아이를 이해하기 위해 가장 먼저 필요한 것은 무엇일까요? 바로 부모 자신에 대한 이해입니다.

부모의 시선은 늘 자녀를 향해 있지만, 이제 그 시선을 잠시 자신에게로 돌려보시길 바랍니다. 그것이 아이를 이해하는 가장 중요한 출발점이기 때문입니다.

아이를 내 마음에 들게 바꾸고 싶다는 생각이 들 때가 있습니다. 그러나 부모도, 자녀도 좀처럼 바뀌지 않는 성질을 지닌 존재입니다. 바꿀 수 없다면 억지로 고치기보다, 그 성질을 이해하고 인정하며 건강하게 살려주는 길을 찾아야 합니다.

부모와 자녀 사이에서 가장 중요한 것은 관계이며, 관계의 출발은 서로를 제대로 아는 데 있습니다. 상처를 완전히 피할 수는 없지만, 이해를 통해 상처를 줄일 수는 있습니다. 이 책은 그 출발점에 서고자 하는 부모들을 위한 안내서입니다.

타고난 기질과 적성, 피문학에서 밝히다

이 책은 내 자녀를 좀 더 깊이 이해하고자 하는 모든 부모를 위한 책입니다. 한 사람의 기초를 이루는 유전적으로 타고난 성질, 즉 기질과 적성을 들여다보는 데서 출발합니다.

책은 크게 두 개의 PART로 구성되어 있습니다.

PART 1에서는 성격보다 더 근원적인 '기질'을, PART 2에서는 개인에게 강점으로 드러나는 '적성'을 다룹니다. 적성은 다중지능의 관점에서 풀어내며, 한 아이가 가진 가능성과 방향을 살펴봅니다.

아이의 타고난 기질과 적성을 파악하는 기준으로 이 책은 피문학(Dermatoglyphics)이라는 과학적 학문을 기반으로 한 인적성 검사 통계를 활용합니다. 피문학은 '피부의 무늬를 연구하는 학문'으로, 1926년 미국 오클라호마대학교의 해럴드 쿠민스(Harold Cummins) 박사에 의해 체계화되었으며, 현재 전 세계에서 연구·활용되고 있습니다.

피문학은 유럽의 해부학과 의학 연구에서 출발해 뇌과학, 유전학, 심리학, 행동과학과 결합하며 발전해왔습니다. 특히 손가락 지문을 활용한 인적성 검사로 응용된 역사는 70년이 넘습니다.

우리 신체 중 무늬가 나타나는 부위는 손가락, 손바닥, 발바닥이지만, 이 책에서는 손가락 지문을 중심으로 아이의 기질과 적성을 살펴봅니다.

　지문인적성 검사에서는 한 사람의 대표적인 단순 기질을 파악하기 위해 손가락 열 개의 지문에서 오른손잡이 경우 왼손 엄지, 왼손잡이 경우 오른손 엄지의 지문 문양을 관찰합니다. 엄지 지문이 타고난 주성향을 가장 잘 드러낸다고 보기 때문입니다.

　다만 사람의 성향은 유전만으로 결정되지 않습니다. 환경의 영향이 함께 작용하며, 하나의 기질만 가진 경우도 있지만 여러 기질이 복합적으로 나타나는 경우도 많습니다. 이 부분은 PART 1의 3장에서 구체적인 사례로 다루어 볼 겁니다.

　피문학 연구자들은 지문이 사람의 유전적 기질과 잠재력을 반영하는 배아 신경의 흔적이라 봅니다. 지문 연구는 쿠민스 박사 이전, 5천 년 전 인도에서 이미 시작되었으며, 리처드 웅거의 《지문은 알고 있다》에 따르면 아리스토텔레스가 인도에서 수상술을 배우고 이를 알렉산더 대왕에게 전했다는 기록도 전해집니다. 지문이 의학 문헌에 처음 공식적으로 등장한 것은 1684년, 니어마이아 그루(Nehemiah Grew) 박사가 런던 왕립의과대학에서 인간의 손끝 무늬에 대해 강의한 사례입니다.

지문은 임신 3~5개월 사이에 형성되어 평생 변하지 않습니다. 따라서 지문은 오래전부터 신분을 확인하기 위한 용도로 사용되었죠. 피문학을 기반으로 한 인적성 검사에서는 이 지문 무늬를 통계적으로 분석해 각기 다른 성질과 경향을 설명합니다. 이 이론은 7만 건 이상의 분석을 통해 검증된 통계에 기반하며, 건강과 행동 연구에 활용되는 의학적 원리와 동일한 틀을 사용합니다.

아이의 성향을 알면 갈등 대신 평화가 찾아온다

부모가 자녀의 타고난 기질과 적성을 이해한다는 것은 매우 중요합니다. 특히 자녀 양육의 주도권을 쥔 부모 역시 자신만의 기질을 지닌 존재라는 점은 매우 중요합니다. 부모의 기질에 의해 아이의 성향이 쉽게 묻히거나 왜곡될 수 있기 때문입니다.

이 책을 읽으며 부모 자신과 자녀를 동시에 바라보시길 바랍니다. 부모 자신을 보지 않은 채 자녀만 바라보는 오류는 서로 도움이 되지 않기 때문입니다.

사람은 자신이 타고난 기질과 적성에 맞게 살아갈 때 가장 안정감을 느끼고 행복해집니다. 그러나 아이의 행복을 누구보다 바라는 부모가, 정작 아이의 성향을 무시한 채 자신의 방식만을 강요하는 경우는 흔합니다. 이런 태도는 아이에게도 부모에게도 상처를 줄 뿐입니다.

이제 여러분은 자신과 자녀의 타고난 기질과 적성을 찾아가는 여정을 시작하게 됩니다. 이 여행은 아이의 삶뿐 아니라 부모 자신의 삶을 다시 바라보게 하는 시간이 될 것입니다.

아이를 이해하고 인정하는 순간, 부모와 자녀의 관계에는 갈등 대신 평화가 자리 잡기 시작합니다.

자, 이제 함께 떠나볼까요?

조미상

3장　여러 기질이 모여 하모니를 이룬다

7장 나만의 적성을 살리면 세계적인 유니크한 인재가 된다

알면
성장 발판이
기절들
꿈이다

Part 1

기질편

내 멋대로 키우지 말고,
타고난 기질대로 키우자

1장

타고난 기질, 내 아이를 이해하는 모든 것이다

부모가 자녀에게 최선의 환경을 주고 싶다면,
먼저 아이의 타고난 기질을 이해해야 합니다.
그 기질에 맞는 환경을 제공할 때 아이는
평생 건강하게 자기 날개를 활짝 펼칠 수 있습니다.

모든 아이는
기질을 가지고 태어난다

부모가 자녀를 낳아 키울 때 가장 중요한 요소는 무엇일까요?

부모라는 역할이 나에게 왔을 때, 부모들은 자녀가 잘 성장하길 바라며 애를 씁니다. '어떻게 하면 좀 더 잘 키울 수 있을까?'를 고민하며 수많은 정보를 찾는 수고를 멈추지 않지요. 특히 우리나라처럼 자녀교육에 열정과 관심이 높은 사회에서 부모의 노력은 매우 특별합니다.

지금 여기, 자녀에게서 벗어난 부모의 시선

그런데 우리는 자녀를 잘 키우고 싶다고 하면서도 정작 중요한 것을 놓치고 있는 경우가 많습니다. 그것은 바로 '부모의 시선'입니다. 자녀를 올바르게 성장시키고자 한다면 부모의 시선은 당연히 '아이'에게 있어야 합니다.

하지만 많은 경우 부모의 시선은 아이보다 '외부'에 머뭅니다. 그 결과 아이에게 진짜 필요한 것이 무엇인지 알지 못한 채, 그저 수고와 노력만 이어갑니다. 결국 아이들은 몸은 커지는데 마음과 정신은 병들어갑니다. 소아 우울증, 불안과 강박, ADHD, 틱 장애 등 각종 진단이 늘어나고 있는 것이 현실입니다. 원인은 다양하지만, 분명한 사실은 '부모의 시선이 아이에게 제대로 맞춰져 있지 않다는 점'입니다. 부모가 자녀를 올바르게 바라보지 못하기 때문에 아이는 점점 자기 자신을 잃어갑니다.

한 인간의 뿌리, 유전 그리고 그 위에 놓인 환경

인간은 누구나 자기만의 독창성을 가지고 태어납니다. 같은 부모에게서 태어난 형제나 일란성 쌍둥이조차 각자의 독특함이 있지요. 이는 부모로부터 받은 유전자와 깊은 관련이 있습니다.

한 인간을 이해하려면 크게 두 가지 차원을 고려해야 합니다. 바로 유전과 환경입니다. 오랜 연구 끝에 학자들은 인간을 형성하는 데 있어 유전과 환경의 영향이 상호보완적이며, 그 비중도 50대 50에 가깝다고 말합니다.

하지만 여기서 우리가 놓치기 쉬운 지점이 있습니다. 부모의 시선이 외부 환경에만 치우치면, 인간 발달의 밑바탕이 되는 요소를 간과하게 된다는 사실입니다. 그것은 바로 부모로부터 물려받은 유전인자입니다.

아이의 성격이나 재능은 결국 부모의 유전인자 위에 환경적 자극이 더해지면서 드러납니다. 그러므로 자녀교육에서 환경 못지않게 중요한 것은 바로 유전적 기질입니다.

자녀 양육의 시작, 기질을 이해하는 것

모든 인간은 부모로부터 물려받은 유전적 기질을 가지고 태어납니다. 심리학적으로 '기질'은 성격의 타고난 특성과 측면, 곧 잘 변하지 않는 본성입니다. 인간이 태어나 죽을 때까지 비슷한 행동 패턴과 성격을 보이는 것도 기질의 안정성 때문입니다.

따라서 부모가 자녀를 잘 성장시키기 위한 첫걸음은 아이의 기질을 이해하는 것입니다. 부모의 시선을 외부에서 거두어 아이에게 고정하고, 타고난 기질을 공부해야 합니다. 인간은 자기 특질에 맞게 살아갈 때 편안함과 행복을 느낄 수 있기 때문입니다.

반대로 부모가 아이의 기질을 무시하고 키운다면, 아이는 불안을 느끼고 내면의 억압이 쌓입니다. 이는 반항심으로 이어지고, 결국 평생 건강하지 못한 행동으로 나타날 수 있습니다.

부모가 자녀에게 최선의 환경을 주고 싶다면, 먼저 아이의 타고난 기질을 이해해야 합니다. 그 기질에 맞는 환경을 제공할 때 아이는 평생 건강하게 자기 날개를 활짝 펼칠 수 있습니다.

  Part 1 기질편 | 내 멋대로 키우지 말고, 타고난 기질대로 키우자

부모와 자녀의 좌충우돌은 기질 충돌이다

'태교'를 넘어 '씨교'라는 말이 있습니다. 이는 '임신 전부터 출산, 육아, 부모 역할 등을 준비한다'는 뜻입니다.

부모가 되는 준비란 무엇일까요?

아기는 스스로 살아갈 수 없기에 부모에게 절대적으로 의존하며 성장합니다. 하지만 부모 역시 완전하지 않습니다. 때로는 부모가 아이처럼 미숙하고 서툰 부분도 많습니다. 그래서 부모도 많은 시행착오를 겪으며, 자녀와 함께 성장하면서 사랑과 존중, 겸허와 희생을 배워갑니다.

여러분은 부모입니까? 엄마와 아빠라는 역할은 이 세상에서 처음 부여된 특별한 자리입니다. 우리는 지금도 여전히 부모로 '되어가는 과정' 위에 있다는 사실을 잊지 말아야 합니다.

부모 방식으로 키울까, 자녀에게 맞춰 키울까

일본 고레에다 히로카즈 감독의 영화 〈그렇게 아버지가 된다〉(2013)에는 대조적인 두 아버지가 나옵니다.

도쿄에 사는 '료타'는 사회적으로 성공한 건축가로, 좋은 집과 아름다운 아내, 아들과 함께 단정한 삶을 살아갑니다. 그러나 겉모습과 달리 가정 내 관계와 사랑은 약합니다. 그는 아들 케이타가 자신에 비해 부족하다고 느끼며, 아들을 사랑의 대상으로 보기보다 자신의 인생에 세팅된 하나의 부품과 같이 여기는 것 같습니다. 그래서 케이타를 자신의 성향과 기대에 맞추어 키우려 합니다.

반면 '유다이'는 시골에서 전파사를 운영하며 2남 1녀를 둔 평범한 아버지입니다. 그는 아내에게는 쩔쩔매며, 아이들에게는 만만한 친구 같은 아버지죠. 유다이는 자신의 방식대로 아이를 이끌기보다, 아이가 가진 모습 그대로 살아가도록 돕습니다. 권위나 독단 대신 가족이 함께 만들어내는 사랑의 조화를 소중히 여깁니다.

   Part 1 기질편 | 내 멋대로 키우지 말고, 타고난 기질대로 키우자

한 사람을 이해하는 유전과 환경

그러던 두 가정에 큰 사건이 일어납니다. 지난 6년간 키운 아들이 병원의 실수로 뒤바뀌었다는 사실을 알게 된 것입니다. 이 커다란 실수를 바로잡는 과정에서, '자식에 대한 진정한 사랑이 무엇인가'를 영화는 묻습니다.

료타와 미도리 사이에서 자란 케이타는 경쟁심이 적고, 느긋하며 욕심이 없는 기질을 지녔습니다. 이는 생부 유다이의 성향과 맞닿아 있지요. 그러나 료타는 그런 아들이 늘 불만족스럽습니다. 그는 아들을 이성적이고 엄격하게 키우려 했습니다.

반대로 유다이와 유카리 사이에서 자란 류세이는 밝고 명랑하며 자유분방합니다. 시골 환경과 자유로운 부모, 3남매 중 장남이라는 조건이 그의 기질과 성격에 고스란히 반영된 것입니다. 결국 두 가정은 아이를 원래대로 돌려놓기로 결정합니다.

이 이야기에서 알 수 있듯, 아이의 성장에는 유전과 환경이 모두 중요합니다. 두 가지 중 어느 것도 무시할 수 없습니다.

아이를 잘 키운다는 것은 무엇인가

케이타는 친아빠 유다이에게 빠르게 마음을 열었습니다. 반면, 료타와 류세이는 친자 관계임에도 서로에게 적응하기 힘들었습니다.

현실에서도 자녀와 부모의 기질이 잘 맞아 편안한 경우가 있고, 정반대라 갈등이 잦은 경우도 있습니다. 결국 자녀를 잘 키운다는 것은 아이의 타고난 기질을 존중하며 따라가는 것을 뜻합니다. 그러나 많은 부모가 자녀를 '끌고 가야 한다'고 오해합니다.

아이를 키운다는 것은 부모가 일방적으로 이끄는 일이 아니라, 아이의 성향을 존중하며 맞춰가는 일입니다. 갈등과 충돌이 잦다면, 그것은 부모가 자신의 기질을 내세워 아이를 자기 방식대로 키우려 하기 때문입니다.

아이가 어릴 때는 부모의 뜻을 따르지만, 시간이 지나며 자아와 독립심이 발달하면 부모의 방식을 그대로 받아들이지 않습니다. 자신만의 정체성을 찾고 내세우기 시작하지요. 그래서 부모를 거부하는 아이는 오히려 건강하게 성장하고 있다는 신호일 수 있습니다.

결국, 자녀를 잘 키운다는 것은 한 인격체로서 아이를 인정하고, 타고난 기질을 존중하는 일입니다.

영화 속 료타는 아들 케이타와의 관계를 통해 진정한 자식 사랑을 배우며 성장합니다. 부모는 처음부터 완성된 존재가 아닙니다. 아이를 통해 부모가 되어가는 것입니다. 이것이야말로 진정한 부모 됨의 과정입니다.

지피지기,
나를 먼저 알고 너를 이해한다

오랜 시간 부모를 대상으로 강의와 상담을 해오면서 느낀 점은, 우리나라 교육이 아이를 전인적 인간으로 성장시키기보다는, 사회 구조가 요구하는 기능인을 키우는 데 초점이 맞춰져 있다는 것입니다. 그래서 부모 대상 강의 주제는 주로 읽기 능력, 과목별 학습 비결, 공부 전략, 입시 전략 등 기능적 영역에 치우쳐 있습니다. 물론 이런 것들이 의미 없다는 말은 아닙니다. 사회에서 요구하는 경쟁력은 중요합니다. 사회는 우리가 자신의 가치를 드러내야 하는 장이니까요. 그러나 지금 자녀에게 진짜 필요한 공부가 무엇인지 진지하게 고민해야 할 시점입니다.

돼지엄마에서 대2병까지

많은 부모는 자녀가 남보다 더 경쟁력 있는 위치에 오르길 바라며 교육 정보를 찾아다닙니다. 그러다 보니 우리나라에는 다른 나라에는 없는 교육 관련 속어가 생겨났습니다. 수포자(수학을 포기한 아이), **과포자**(과학을 포기한 아이), **학원 뺑뺑이**(여러 학원을 전전하는 아이), 책 육아 등 많이 익숙한 용어죠.

특히 입시 중심 사교육 시장에서 나온 대표적 속어가 '돼지엄마'입니다. '돼지엄마'는 '교육열이 높고 사교육 정보에 정통해 다른 엄마들을 이끄는 사람'을 뜻합니다. 돼지가 새끼를 데리고 다니듯, 여러 엄마를 몰고 다닌다는 데서 비롯된 말이지요.

그런데 자녀가 좋은 대학에 가길 바라는 것은 부모의 바람일까요, 자녀의 바람일까요? 아마 둘 다일 겁니다. 우리 사회 분위기 속에서 이런 교육 문화의 영향을 받지 않고 살기는 쉽지 않으니까요.

하지만 우리나라에는 이런 교육 열기와는 모순되는 현상도 있습니다. 바로 '대2병'입니다. 고등학교 3학년까지 오직 대학 입학만을 목표로 달려온 아이들이 대학에 들어간 뒤, 1학년은 신선함과 열정 속에 보내지만 2학년에 접어들면 혼란을 겪습니다. 전공과 학교 선택이 자신의 적성과 맞지 않는다는 것을 깨닫기 시작하기 때문입니다. 실제로 이 시기에 자퇴율이 급격히 올라간다고 합니다. 어렵게 들어간 대학인데 왜 이런 일이 생기는 걸까요?

진짜 공부는 나를 아는 공부에서 시작된다

이 현상을 깊이 이해하려면 아이들의 성장 과정을 살펴야 합니다. 조기교육과 높은 교육열 속에서 아이들은 초등학교 시절부터 대학에 가기까지 오직 공부에만 매달립니다. 겉으로는 문제가 없어 보일지 모릅니다. 하지만 자기 자신에 대한 이해는 부족한 채, 외부 지식만 주입받는 공부는 결국 혼란을 낳습니다. 부모도 마찬가지입니다. 좋은 교육 정보를 찾느라 바빴지만, 정작 중요한 자녀에 대한 관찰과 탐색에는 소홀했습니다.

공부는 목표가 아니라 수단입니다. 공부를 통해 이루고자 하는 길이 있어야 하고, 그 길이 바로 삶의 방향이 됩니다. 지식 자체도 의미가 있지만, 그 지식은 사회 속에서 다른 사람과 더불어 사용될 때 가치가 빛납니다. 자신에 대한 이해 없이 맹목적으로 하는 공부는 어디에도 온전히 쓰이기 어렵습니다.

우리나라 대부분 학생은 열심히 공부하지만, 자기 자신을 깊이 이해하는 공부는 부족합니다. 어른들이 자기 이해의 중요성을 보여주지 않았기 때문이겠죠. 그 결과 대학에 들어가서야 '대2병'이라는 이름으로 정체성 혼란을 겪습니다. 하지만 저는 이 현상을 오히려 긍정적으로 보고 싶습니다. 병이 약이 될 때도 있고, 늦었다고 생각할 때가 가장 빠를 수 있으니까요. 이 시기에라도 자신을 돌아보고 적성과 진로를 고민하는 것은 인생 전체에 있어 소중한 과정입니다.

'지피지기(知彼知己) 백전불태(百戰不殆)'라 했습니다. 승리를 위해서는 상대를 아는 것 못지않게, 자신을 먼저 아는 것이 중요합니다. 공부도 마찬가지입니다. 아이들에게 가장 중요한 공부는 '자신을 이해하는 공부'입니다. 아직 스스로 자신을 찾기 미숙한 아이들을 위해 부모가 먼저 나서야 합니다. 동시에 부모 역시 자신을 더 깊이 알아가는 노력을 기울여야 합니다. 부모가 자기 자신을 알 때, 비로소 자녀도 제대로 보이기 시작합니다. 부모의 성숙이 곧 자녀의 성장이기 때문입니다.

지문인적성, 손가락 지문에서 자녀의 기질이 보인다

자녀 양육에서 가장 중요한 것은 아이의 타고난 특질, 곧 기질을 제대로 알고 그에 맞는 환경을 제공하는 일입니다. 이를 위해 첫째로 필요한 것은 부모의 관찰력입니다. 예민한 엄마라면 태중에서부터 아이의 움직임을 통해 첫째와 둘째의 차이를 느낄 수도 있습니다. 아이는 태중에서도 개성을 보이지만, 세상에 태어나는 순간부터 본격적으로 자기만의 목소리와 감정, 행동양식을 드러냅니다. 따라서 부모는 자녀를 키우며 매 순간 아이에게 예민하게 반응할 필요가 있습니다.

내 아이니까 내가 제일 잘 안다?

심리학자 알렉산더 토마스와 스텔라 체스는 아기의 기질을 '순한 기질', '까다로운 기질', '더딘 기질'이라는 세 가지 유형으로 분류했습니다. 그러나 과연 모든 아이를 이 세 가지 유형 안에 온전히 담아낼 수 있을까요?

엄마는 아기를 낳고 일정 시기 동안 24시간 아기에게 몰두합니다. 이 시기에는 엄마와 아기가 거의 한 몸처럼 움직이며, 엄마는 아기의 감정 상태와 행동에 즉각적으로 반응합니다. 시간이 지나면서 아기의 일정한 패턴을 감지하고 알맞게 대응하기 시작하지요. 그래서 주 양육자인 엄마는 결국 자신의 아기에 대한 최고의 전문가가 될 수 있습니다.

그러나 인간의 성향은 단순하지 않습니다. 외적으로 드러나는 모습뿐 아니라, 보이지 않는 내면에는 다양한 감정과 생각이 숨어 있습니다. 아무리 내가 낳아 키운 자식이라도 결코 다 알 수 없는 이유가 바로 여기에 있습니다. 어른조차 자신과 타인을 오해할 때가 많습니다. 인간의 복잡한 본성은 한 가지 표현만으로 설명할 수 없기 때문입니다.

따라서 부모의 관찰력만으로 아이를 온전히 이해하는 데에는 한계가 있습니다. "내 아이니까 내가 제일 잘 안다"는 말은

어쩌면 전혀 알지 못한다는 말을 역설적으로 보여주는 것일지
도 모릅니다.

피문학, 지문으로 내 아이를 본다

아이를 더 깊이 이해하기 위해 손, 특히 손가락 끝에 새겨진
지문은 중요한 단서가 됩니다.

지문은 두 가지 특징을 지닙니다. 첫째, 유일무이하다는 점.
둘째, 평생 변하지 않는다는 점입니다. 지문은 부모의 유전인
자 결합에 영향을 받아 임신 13주~19주에 형성되고, 21주 이
후 안정되어 영구히 유지됩니다. 일란성 쌍둥이라도 지문은 다
릅니다.

'사람의 피부에 새겨진 무늬'인 지문을 연구하는 학문이 '피
문학(dermatoglyphics)'입니다. 지문과 관련된 선, 모양이 갖는 의
미를 연구하는 분야로, 1926년 미국 오클라호마 대학의 헤럴
드 쿠민즈(Harold Cummins) 박사가 창시했습니다. 그는 '피문학
의 아버지'로 불립니다.

피문학은 뇌과학, 의학, 유전학, 심리학, 행동과학과 연결되
며 수많은 임상과 연구를 통해 발전해왔습니다. 오늘날에는 사

람의 기질과 적성을 살펴보는 과학적 도구로 활용됩니다. 수많은 학자의 노력 덕분에 이제 부모는 자녀의 타고난 기질을 과학적으로 들여다볼 수 있게 되었습니다. 저 역시 수년간 '지문 인적성 분석 상담'을 하며 이런 확신을 얻었습니다. 마치 신이 우리를 세상에 보낼 때, 그 목적과 이유를 지문에 새겨둔 것처럼 느껴질 때가 많았습니다.

물론 '손가락 지문으로 기질을 알 수 있다고?'라며 의심하는 분도 있습니다. 하지만 상담 현장에서 부모가 몰랐던 아이의 면모를 발견하고 눈물을 흘리는 경우를 자주 봅니다. 아이의 행동을 이해하지 못해 미안해했던 마음이 지문 분석을 통해 풀리는 순간이죠.

부모가 자녀를 더 잘 이해하고 싶다면, 이제 아이의 손을 펴고 지문을 살펴보세요. 손가락 하나하나에 새겨진 무늬는 '아이의 기질과 성향을 보여주는 지도이자, 앞으로 나아갈 길을 안내하는 나침반'이 될 수 있습니다.

지문의 역사에서 주목할 만한 사건들

1685년

고어드 비들루(Gouard Bidloo)는 지문을 처음으로 상세하게 묘사한 책을 출간하였다.

1686년

마르첼로 말피기(Marcello Malpighi)는 볼로냐 대학교의 해부학 교수로, 현미경을 사용해 지문을 관찰한 최초의 인물이다.

1788년

J.C.A. 메이어(J.C.A. Mayer)는 지문 분석의 기본 원칙을 처음으로 정리하였다. 그는 "피부 융선의 배열이 완전히 같은 사람은 존재하지 않는다. 다만 배열이 매우 유사한 경우는 있을 수 있다. 어떤 경우에는 차이가 분명하게 드러나며, 고유한 특성을 지니고 있음에도 불구하고 모든 배열에는 일정한 유사성이 존재한다"고 설명했다.

1823년

존 E. 푸르키네(John E. Purkinje)는 브레슬라우 대학교의 해부학 교수로, 지문을 처음으로 체계적으로 분류하였다.

1833년

찰스 벨(Sir Charles Bell)은 해부학자로, 손의 구조와 기능을 다룬 책 『The Hand: Its Mechanism and Vital Endowments as Evincing Design』을 저술하였다.

1858년

윌리엄 허셜(Sir William Herschel)은 인도 벵골에서 근무한 영국 관료로, 지문을 신원 확인 수단으로 활용하며 이를 널리 보급하였다.

1880년

헨리 폴즈 박사(Dr. Henry Faulds)는 도쿄 쓰키지 병원에 근무하던 중, 과학

저널 『네이처(Nature)』에 범죄 현장에서 지문을 채취해 활용할 것을 제안하는 글을 발표하였다.

1883년

마크 트웨인(Mark Twain)은 소설 『윌슨 이야기(Pudd'nhead Wilson)』에서 지문 식별을 통해 살인범을 밝혀낼 수 있음을 문학적으로 보여 주었다.

1892년

프랜시스 골턴 경(Sir Francis Galton)은 인류학자이자 찰스 다윈의 사촌으로, 지문을 이용해 신원을 확인할 수 있는 실질적인 방법을 고안하였다. 그는 지문 연구에 대한 기본적인 용어를 정립하고, 지문이 영원히 불변한다는 사실을 과학적으로 증명하였다. 또한 최초로 쌍둥이에 대한 연구를 시작하였다.

1897년

해리스 호손 와일더(Harris Hawthorne Wilder)는 피문학을 연구한 최초의 미국인이다. 그는 삼각도에 a, b, c, d라는 명칭을 부여하고, 주릉선 지표(Main Line Index)를 만들었다. 또한 무지구(拇指球)와 소지구(小指球)를 연구하고, I, II, III, IV라는 지역 명칭을 부여하였다.

1904년

이네즈 휘플(Inez Whipple)은 처음으로 인간이 아닌 동물의 피부 무늬를 연구하였다.

1923년

크리스틴 보네비에(Kristine Bonnevie)는 유전학의 관점에서 지문을 광범위하게 연구한 최초의 학자이다.

2장

지문의 5대 유형을 알면 자녀의 기질이 보인다

지문의 5대 유형

삶의 최우선은 안정적인 편안함, 안정형

감정에 충실한 자유로운 영혼, 감성형

독특함은 절대 버릴 수 없어, 창의형

갈등보다 평화를 추구하는, 조정형

나는야 태어날 때부터 대장, 리더형

삶의 최우선은 안정적인 편안함, 안정형

안정형① 사무집행자 유형

피문학(dermatoglyphics) 기반 지문인적성 분석에서 가장 먼저 만나는 기질은 '안정형'입니다. 우리나라 전체 인구의 약 5%가 여기에 해당합니다. 안정형은 보수적이고 규범적이며, 잦은 변화보다 일정한 안정성을 추구합니다. 안정형은 다시 '사무집행자'와 '개척적사고자'로 세분됩니다. 우선 사무집행자 유형을 살펴보겠습니다.

우리 아이 기질 체크리스트

☑ 조용하고 얌전한 분위기를 가진 편이다.

☑ 부모에게 순응적인 경우가 많다.

☑ 낯선 환경이나 사람, 새로운 물건에 적응하는 데 시간이 걸린다.

☑ 어릴 때부터 낯을 많이 가린다.

☑ 새로운 것보다 익숙한 것을 선호한다.

☑ 무엇을 할 때 먼저 나서지 않고 지시를 기다린다.

☑ 규칙과 순서를 좋아하며, 절차대로 행동한다.

☑ 혼자 조용히 있는 시간을 좋아한다.

☑ 엄마와 깊이 밀착되어 있다.

이 중 5개 이상 해당한다면 자녀는 '안정형-사무집행자 성향'이 강할 가능성이 큽니다. 기질을 확인하려면 오른손잡이는 왼손 엄지, 왼손잡이는 오른손 엄지의 지문을 관찰해 보세요. 활처럼 휜 모양이나 흐르는 물결 같은 곡선이 나타납니다.

기본 성향

안정형-사무집행자 아이는 조용하고 순응적입니다. 활동량이 많지 않고 얌전한 편이지요. 익숙한 것에서 편안함을 느끼며, 변화에는 불안을 보입니다. 엄마에게 유난히 집착한다면 안정형 성향 때문일 수 있습니다. 엄마는 아이가 태어나서 지금까지 경험한 가장 안정적인 대상이니까요.

이런 성향을 이해하지 못하면 부모는 아이를 까다롭다고 여길 수 있습니다. 그러나 이는 아이가 타고난 기질을 드러내는 것일 뿐입니다. 새로운 환경에 대한 불안은 안정이 깨졌기 때문에 생기는 자연스러운 반응입니다. 따라서 부모가 적응력과 적극성을 강요하면 아이의 정서를 더 불안하게 만들 수 있습니다.

강점과 약점

안정형-사무집행자의 강점은 일관성과 꾸준함입니다. 규칙적이고 성실하며, 예측 가능한 상황에서 맡은 바를 잘 수행합니다. 꼼꼼하고 정직하며 질서를 잘 지키는 편입니다.

그러나 이러한 강점은 상황에 따라 약점으로 드러나기도 합니다. 융통성이 부족해 고지식해 보일 수 있고, 낯선 만남을 꺼려 대인관계가 좁을 수 있습니다. 친구를 좋아해도 나서서 표현하거나 먼저 다가가 말을 걸기 어려워합니다. 부모는 아이가 다양한 친구를 사귀기를 바라지만, 안정형 아이에게는 무리한 요구일 수 있습니다.

사회성과 리더십

그렇다고 안정형-사무집행자 아이가 사회성이 부족하지는 않습니다. 다만 친구의 폭은 좁을 수 있습니다. 대신 깊은 관계를 맺고 오래 지속합니다. 부모의 염려로 다양한 친구를 만들어주려는 노력은 안정형의 아이에게 부담이 될 수 있습니다.

리더십 또한 드러나지 않을 뿐, 소수의 관계 안에서는 성실하고 일관된 리더십을 발휘합니다. 보수적이고 강직하며, 책임감 있는 리더 유형입니다. 꼼꼼한 성격 덕에 확실한 일 처리를 선호합니다. 나중에 사회인이 되었을 때 대충대충 일하는 사람을 가장 못 견뎌 할 타입이기도 합니다.

학습 성향

안정형-사무집행자 아이가 처음부터 스스로 주도해 공부하기는 쉽지 않습니다. 따라서 처음에는 부모의 세심한 안내가 필요합니다. 체계적이고 절차적인 방식으로 차근차근 이끌어주면 성실히 따라옵니다. 이때 주의할 점은 욕심으로 너무 빠르게 앞서가면 사무집행자 아이는 버거워합니다. 아이에게 알맞은 속도와 순서, 매뉴얼이 필요해요. 주기적인 관찰과 점검도 필요하고요.

조기에 교육 환경을 주었을 때 가장 큰 효과를 누리는 성향이 안정형이에요. 안정된 공간, 편안한 대상, 즉 집에서 그리고 엄마, 아빠와 함께 학습 자극이 주어지면 그대로 따라간답니다. 일명 '반사형'의 스폰지식 학습 스타일이죠. 그래서 효과가 큰 거고요.

따라서 일대일 지도가 효과적이고, 조용히 혼자 탐구하는 습관을 들이면 평생 안정적인 학습 태도를 유지할 수 있습니다.

적성과 재능

이 유형은 내향적이고, 혼자 하는 일을 선호합니다. 규칙적이고 반복적인 업무, 매뉴얼에 따라 처리하는 일에 강점을 보입니다.

적합한 분야는 공무원, 교사, 사무직, 데이터 분석, 전산·기술 분야 등 안정적이고 체계적인 일입니다. 또한 전원적인 환경이나 직업도 잘 맞습니다.

스트레스 요인

안정형-사무집행자는 도전적이고 진취적인 환경에서 스트

레스를 받습니다. 변화가 잦거나 낯선 사람을 자주 만나야 하는 상황이 힘들 수 있습니다. 유치원에 가기 위해 엄마와 떨어질 때, 반 변경, 새로운 선생님이나 친구와의 만남, 새로운 음식 경험도 스트레스가 됩니다. 에너지가 내면을 향하는 내향성인 안정형 아이는 자신의 생각을 밖으로 표현하는 것을 많이 어려워해요. 소심함도 있거든요. 그래서 이런 상황이 오면 예민해지며 스트레스를 받아요.

부모 가이드

기질은 타고난 유전인자이므로 쉽게 바뀌지 않습니다. 아이를 있는 그대로 존중하세요. 아이의 꾸준함과 성실성을 칭찬해주세요. 반대 성향을 강요하면 어쩔 수 없이 따라가지만, 불안과 억압이 쌓입니다.

다양한 경험은 필요하지만, 부모라는 안전 기지와 함께 점차 넓혀 가야 합니다. 직접 경험이 부담스럽다면 독서를 통해 간접 경험을 쌓게 해주세요. 이는 언어력과 표현력 발달에도 도움이 됩니다.

또 질문을 자주 던져 표현하는 훈련을 하게 하세요. 편안한 부모와 표현하기를 훈련하면 밖에 나가서도 자기표현을 잘할 수 있어요.

안정형-사무집행자의 아이는 부모의 확실한 리더십이 필요해요. 부모가 아이에게 알맞은 길을 정확하게 제시하면 아이는 차근차근 잘 따라갑니다.

삶의 최우선은 안정적인 편안함, 안정형

안정형② 개척적사고자 유형

앞서 언급한 것처럼 안정형은 두 가지 성향으로 나눌 수 있습니다. 하나는 '사무집행자'이고, 다른 하나는 지금부터 다룰 '개척적사고자'입니다.

이 유형은 '개척적사고자'라는 별명을 갖고 있지만, 큰 범주로는 안정형에 속합니다. 즉, 안정형의 기본 성향을 바탕으로 하되, 독특하고 개성적인 특질을 함께 지녔습니다.

우리 아이 기질 체크리스트

☑ 어릴 때 낯을 많이 가린 편이다.

☑ 친구와 잘 놀다가도 혼자 조용히 있으려 한다.

☑ 말수가 적다.

☑ 무엇이든 논리적으로 따지는 편이다.

☑ 요구나 지시를 받으면 "왜?"라고 질문한다.

☑ 새로운 분야에 호기심이 많고 탐구심이 강하다.

☑ 평소에는 얌전하지만, 새로운 것을 알게 되면 열정이 넘친다.

☑ 문제 해결에서 자신만의 논리와 창의성을 발휘한다.

☑ 보수적이고 사무적인 면이 있다.

☑ 앞뒤 맥락이 부족하면 잘 받아들이려 하지 않는다.

5개 이상 해당한다면 자녀는 '안정형-개척적사고자' 성향일 수 있습니다. 이 유형의 지문은 사무집행자처럼 물결 모양이지만, 가운데가 봉우리처럼 뾰족하게 솟아 있습니다. 지문의 뾰족한 모양처럼 성향에도 뾰족한 특징이 드러나죠.

개척적사고자

기본 성향

안정형-개척적사고자는 안정적인 환경을 선호합니다. 변화를 싫어하는 안정형의 성향이 기본으로 깔려 있죠. 변화에 대한 적응력이 떨어지고 새로운 사람에 대한 낯가림도 있고요.

그러나 동시에 자신이 매력을 느끼는 새로운 분야를 만나면 열정적으로 돌변합니다. 창조와 개척에서 환희를 느끼며, 독특한 창의성을 발휘합니다. 그래서 '개척적사고자'라고 합니다.

또한 논리적 성향이 강합니다. 앞뒤 맥락이 맞지 않으면 불편해하고, 탐구욕이 많아 혼자 생각하는 시간을 즐깁니다. 그래서 주변에서는 "그만 좀 따져"라는 말을 듣기도 하지요. 하지만 이는 단순한 까다로움이 아니라, 사고력과 창의성의 밑거름입니다.

강점과 약점

이 유형의 가장 큰 강점은 지적 탐구심입니다. 관심 있는 분야를 만나면 몰입하여 깊이 공부하고 전문가로 성장할 가능성이 큽니다.

또 하나의 강점은 논리적 사고력입니다. 원인과 결과가 명확히 연결될 때 정서적 안정감을 느낍니다. 그러나 이런 성향은 때로 까다롭게 보일 수 있습니다.

이런 아이의 성향은 부모가 어떻게 반응하느냐에 따라 강점
도, 약점도 될 수 있습니다. 아이가 따지고 질문할 때 부모가
인내심을 갖고 차근차근 설명한다면, 그 성향은 창의성으로 발
전합니다.

사회성과 리더십

개척적사고자는 사교적인 면과 보수적인 면을 함께 지닙니
다. 그래서 변덕스러워 보일 수도 있지만, 이는 타고난 양면성
입니다.

새로운 일을 할 때는 열정적으로 도전하지만, 때로는 안정형
답게 보수적이고 사무적인 모습을 보입니다. 친구들과 어울리
기도 하지만 혼자 있는 시간을 즐기기도 합니다.

리더십은 진지하고 논리적인 방식으로 나타납니다. 대충 넘
어가는 것을 용납하지 않고, 꼼꼼하게 설명해주는 부모·교사와
잘 맞습니다.

학습 성향

개척적사고자의 학습은 두 가지 키워드로 설명됩니다. 바로
창의성과 논리 사고력입니다.

자기 방식을 선호하고, 이해 없는 암기식 공부를 싫어해서

앞뒤 맥락을 따져 이해하며 하는 공부를 좋아합니다. 혼자 조용히 공부하기를 좋아합니다. 특히 독서를 좋아하는 성향이 많습니다. 책은 논리적 구조로 되어 있어 개척적사고자 아이에게 잘 맞습니다. 독서를 통해 사고력이 강화되고, 점점 공부의 재미를 느낍니다.

적성과 재능

개척적사고자는 새로운 분야를 개척하는 데 강점을 보입니다. 기존의 것을 유지하기보다 새로운 것을 기획하고 만들어 내는 일을 즐깁니다. 효율과 실용성을 따져 새로운 방식으로 진행하려고 하며, 안정되면 지루해하기 때문에 또 다른 새로움을 찾아 나서는 성향입니다. 이처럼 무(無)에서 유(有)를 창조하는 데 재능을 보이는 유형입니다. 그래서 어른으로 치면 기획가예요. 사업을 한다면 사업을 세우는 초기 멤버로 그 활약이 대단하죠. 아이디어가 많고 실용성과 효율을 잘 따져서 진행합니다.

스트레스 요인

세상이 논리적이지 않을 때 이해되지 않아 스트레스를 받습니다.

    Part 1 기질편 | 내 멋대로 키우지 말고, 타고난 기질대로 키우자

"왜요?", "왜 그렇죠?"라는 질문은 단순한 고집이 아니라 제대로 알고 싶은 욕구의 표현입니다. 새로운 일에 몰입해 에너지를 한 번에 쏟아내지만, 금방 지쳐 지속성이 떨어질 수 있습니다. 이런 패턴이 반복되면 마음이 공허해지고 스트레스가 쌓입니다.

부모 가이드

개척적사고자는 개성이 강하지만, 안정형이어서 소심함이 있고, 자기표현을 어려워하기도 합니다. 부모는 아이의 이런 타고난 성향을 이해하고, 아이가 용기를 가지고 도전할 수 있도록 든든한 지원군이 돼 주세요.

열정은 많지만 경쟁을 힘들어하는 개척적사고자 아이에게는, 경쟁이 남과의 경쟁도 있지만 자기 자신과의 경쟁이기도 하다는 점을 알려주면 도움이 됩니다.

논리적 질문을 귀찮아하지 말고 차근차근 대화하는 것이 중요해요. 그 과정에서 창의성이 발달합니다. 부모의 대응에 따라 개척적사고자 아이의 매력이 발산될 수 있습니다.

친구와 다툼이 있었다면 훈육부터 할 것이 아니라, 먼저 아이의 이야기를 듣고 전후 맥락을 함께 정리하는 것이 좋습니다. 아이는 말을 하며 스스로 판단합니다. 스스로 생각할 줄 아는 아이이니까요. 이때 부모가 차근차근 대화로 안내해 준다면 아이는 그 길을 잘 따라가게 됩니다. 다그침이 아니라 친절한 안내자가 필요합니다.

타고난 기질은 쉽게 바뀌지 않습니다. 그리고 기질은 자녀에게만 있는 것이 아니라, 부모에게도 존재합니다. 하지만 많은 부모는 이 사실을 잊고 있는 것 같아요. 부모인 우리도 한때는 아기였고, 부모로부터 유전인자를 물려받아 자라왔습니다. 또한 내 의지와 상관없이 제공된 양육 환경 속에서 지금의 성향을 가지게 된 것입니다.

먼저 부모 자신을 파악하기

부모는 결국 자신이 가진 기질대로 아이를 키우는 경우가 많습니다. 그래서 흔히 하는 실수는 아이의 기질을 보지 못한 채, 자신의 기질대로 자녀를 리드하는 것입니다. 그리고 때때로 자신을 보지 못한 채 아이를 탓합니다. 부모 자신의 기질로 자녀를 이해하려 드니 도저히 이해가 안 가는 것입니다.

부모와 자녀는 비슷한 부분도 있지만, 전혀 다른 성향을 가질 수도 있습니다. 부모는 부모 자신의 유전인자로 존재하지만, 자녀는 부부 두 사람의 유전인자가 새롭게 결합해 태어난 또 다른 독립된 존재입니다.

보수적이고 고지식한 안정형 부모

앞의 글을 읽으며 부모 자신의 기질이 안정형이라고 느꼈나요? 그렇다면 자녀도 안정형일 가능성이 큽니다. 기질은 유전되기 때문입니다.

안정형 부모는 생활 반경을 크게 넓히지 않고, 자신이 익숙한 공간과 관계 안에서 생활하려 합니다. 새로운 변화를 촉진하기보다, 반복적이고 꾸준한 관계를 선호하지요. 내향적인 성향 때문에 자기 표현이 소극적이며, 에너지를 안으로 사용하여 혼자 내면을 탐색하는 것을 좋아합니다.

이러한 성향은 양육 방식에도 드러납니다. 안정형 부모는 아이에게 다양한 변화를 제안하지 않고, 대화를 자주 시도하지 않는 편입니다. 부모 자체가 안정형의 순응적인 기질이어서 아이의 요구를 잘 수용하는 편이지만, 융통성보다는 전통적이고 고지식한 양육 태도를 보이기 쉽습니다.

문제는 부모와 자녀의 기질이 다를 때 발생합니다. 안정형 부모에게 적극적이고 변화 지향적인 아이가 태어나면, 부모는 그 욕구를 알아차리지 못하거나 불편하게 여길 수 있습니다. 이 주제는 4장에서 다시 자세히 다루겠습니다.

감정에 충실한 자유로운 영혼, 감성형

감성낭만주의자 유형

사람이 가장 인간적인 면모를 드러내는 지점은 어디일까요? 그것은 바로 감정입니다. 사람에게는 다양한 감정이 존재하고, 이를 자신과 타인에게 솔직하게 표현할 때 한 사람의 본질이 나타납니다.

아이도 마찬가지예요. 어른이 느낄 수 있는 감정을 아이도 그대로 느낍니다. 다만 표현 능력과 알아차리고 다스리는 힘에서 차이가 있을 뿐이죠. 어른 역시 감정을 다루는 성숙도는 사람마다 크게 다릅니다. 그래서 우리가 무심코 드러내는 감정은 인간의 가장 원초적인 모습과 연결되어 있습니다.

자, 이제 감성주의자 유형의 아이를 만나볼까요?

우리 아이 기질 체크리스트

- ☑ 감정에 예민하다.
- ☑ 눈치가 빠르다.
- ☑ 무엇을 하든 부모와 함께하려 한다.
- ☑ 다른 사람의 행동이나 말을 잘 모방한다.
- ☑ 대화하는 것을 좋아한다.
- ☑ 말할 때 자세히 한다.
- ☑ 자유분방하다.
- ☑ 선생님 놀이 같은 역할 놀이를 좋아한다.
- ☑ 감정이 폭발하면 쉽게 가라앉지 않는다.
- ☑ 감정 변화가 잦다.

5개 이상 해당된다면, 아이는 감성적이며 낭만적인 성향일 가능성이 큽니다.

오른손잡이라면 왼손 엄지를, 왼손잡이라면 오른손 엄지를 관찰해 보세요. 지문의 선(융선)이 고리 모양이고 새끼손가락 방향으로 융선이 치우쳐 있으면서 열려있다면 감성형입니다. 이런 아이는 지문의 모양이 보여주듯 감정이 치우쳐 북받쳐 오르기 쉽습니다. 동시에 개방적인 사고도 갖추고 있답니다.

감성형은 우리나라에서 약 50%를 차지하고 있습니다. 이걸 보면 왜 우리나라 사람들이 정이 많고 낭만적인지를 이해할 수 있습니다. 이 기질 덕에 예부터 풍류를 즐겼으며 세계적인 한류 문화를 탄생시킬 수 있었던 것이 아닐까요?

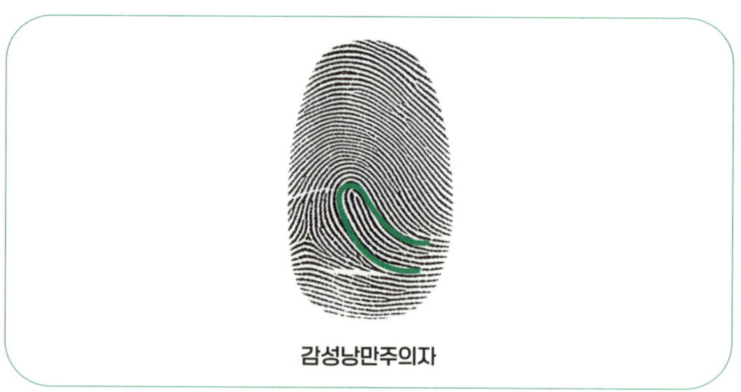

기본적인 성향

감성형 아이는 논리보다 감정에 더 크게 영향을 받습니다. 감수성이 풍부하고 예민하며, 타인의 감정을 금세 알아차립니다. 그래서 눈치가 빠르고, 관계 맺기를 좋아하며, 밝고 명랑한 외향성을 보입니다. 그 관계 안에서 모방력도 뛰어나 '따라쟁이'라는 별명이 붙기도 합니다. 대화를 좋아하고 자신이 아는 것을 가르쳐주며, 관계 속에서 감정을 나누는 데 큰 즐거움을 느낍니다. 몸과 다르게 감정은 틀 안에 담을 수 없죠. 그래서 감성주의자는 자유로운 영혼을 가지고 있어요. 잊지 마세요.

강점과 약점

감성 낭만형의 아이는 상상력과 창의력이 풍부하고 직관력이 있습니다. 예술적 감각이 있고, 자유로운 발상을 즐깁니다.

하지만 감정은 환경의 영향을 많이 받아요. 그래서 감성형 아이는 주변의 분위기에 따라서 감정 기복이 많이 일어나요. 부모가 보기에는 변덕스럽다고 느낄 수 있으나, 그것보다는 상황에 따른 감정 변화에 솔직할 뿐이죠. 그러다 보니 지루함을 참지 못합니다. 끈기가 부족해 새로움과 변화를 쫓는 경향이 있어요. 그래서 장기 목표를 달성하기 위해서는 부모의 리드가 꼭 필요합니다.

이런 아이에게 관계는 매우 중요합니다. 엄마 치맛자락을 잡고 칭얼대는 것은 단순히 의존이 아니라 사랑을 나누고 싶다는 표현이에요. 조금 귀찮을 수 있지만 이를 강점으로 받아들인다면, 아이는 감정을 건강하게 표현하며 사랑을 나누는 사람으로 자라날 수 있습니다.

사회성과 리더십

감성형은 대표적인 사회형 기질입니다. 선천적으로 사교성이 뛰어나지만, 새로운 분위기에서는 낯을 가릴 수도 있습니다. 이는 일시적인 내향성일 뿐, 곧 적응해 친밀한 관계를 형성

합니다.

리더십에서도 권위보다는 수평적 관계를 선호합니다. 친구처럼 편안한 분위기에서 리더십을 발휘하며, 강압적인 분위기에서는 불편해할 수 있습니다.

학습 성향

감성형 아이는 대화와 토론을 통해 배우는 것을 좋아합니다. 혼자 공부하기보다는 함께 이야기 나누며 배울 때 흥미와 효율이 높습니다.

역할 놀이를 통해 자연스럽게 학습하기도 합니다. 다만 분위기의 영향을 많이 받으므로 누구와 어떤 환경에서 공부하느냐가 성패를 좌우합니다. 맹자의 어머니가 교육을 위해 세 번 이사했다는 이야기를 아시죠? 이걸 보면 맹자는 감성형이었을 가능성이 높습니다. 아이의 기질을 인정하고, 환경을 지혜롭게 조성해 주어야 합니다. 아이의 기질을 수용하고 그에 맞는 해법을 찾은 맹모의 지혜를 배워야겠습니다.

적성과 재능

감성형은 상대의 감정을 잘 읽고 눈치가 빠릅니다. 말하는 것을 좋아하는 감성형 아이가 언어지능이 높다면 말하기, 가르치기 등에서 탁월해지겠죠. 또 누군가를 만나서 타협하고 설득하는 재능이 타고났다고 볼 수 있습니다.

또한 열정적이고 상상력이 풍부해 예술과 창작 분야에서도 강점을 보입니다. 하지만 틀에 박힌 환경에서는 재능 발휘가 어렵습니다. 감성형은 필요성보다 편리성이나 즐거움을 우선시합니다. 꾸준히 목표를 향해 나아가도록 부모의 관심과 격려가 꼭 필요합니다.

스트레스 요인

감성형은 감정에 취약합니다. 기쁨도 크지만, 슬픔과 분노도 크게 느껴 스트레스를 쉽게 받습니다. 따라서 부모는 아이의 감정을 먼저 공감하고 수용하는 태도가 필요합니다.

"그랬구나, 그래서 힘들었구나."

"아, 그래서 화가 났던 거구나."

특히 관계가 틀어졌을 때, 친구와 갈등이 생겼을 때 큰 고통을 경험합니다. 자신이 버림받은 느낌으로 우울감을 가지게 돼요. 관계 지향적인 성향이기 때문입니다. 따라서 성장기에 친구 관계로 인해 여러 영향을 받고, 친구로 인해 많이 속상해하는 성향입니다. 아이에게 중요한 문제이므로 부모님도 자녀의 이런 부분에 대해 관심을 가질 필요가 있죠.

또한 관계에만 지나치게 의존하지 않도록, 가끔은 혼자 생각하는 시간을 갖게 해주는 것도 좋습니다.

부모 가이드

감성형 아이에게는 공감이 먼저, 훈육은 나중입니다. 감정이 북받쳐 있을 때는 아무리 타일러도 말이 귀에 들어오지 않습니다.

부모가 즉시 문제를 해결하려 하면 아이는 감정을 존중받지 못했다고 느끼고, 헤아림 받지 못한 그 감정은 내면으로 파고들어 어두움으로 감춰지게 됩니다. 그러나 이 감정은 내면에 쌓여 언젠가 부정적인 방식으로 표출될 수 있습니다.

따라서 먼저 감정을 수용하고, 아이가 안정되었을 때 대화와 훈육을 시도해야 합니다. '공감 → 안정 → 훈육'의 순서를 기억하세요.

부모가 감성형일 때, 이런 양육을 한다

부모가 자녀를 양육할 때 부모의 시선은 외부가 아니라 자신의 자녀를 볼 줄 알아야 한다고 했습니다. 부모가 자녀에게 시선을 둔다는 것은 무엇을 말할까요? 결국 자기 자신을 볼 줄 알아야 한다는 말이죠. '자녀는 부모의 거울'이라는 말을 항상 염두에 두어야겠죠. 자녀의 모든 것이 결국 지금 나의 모습이라는 사실과 특히 기질은 부모에게 온, 생물학적으로 타고난 유전이라는 인식에 깨어있길 바랍니다.

내가 혹시 오락가락하는 감성형 부모?

감성 낭만형의 아이를 두었다면, 부모 역시 비슷한 감성형일 가능성이 큽니다. 감성형 부모는 감정이 풍부하고, 주변 분위기에 영향을 많이 받습니다. 기분의 흐름이 일정하지 않아 감정의 기복이 잦고, 누군가의 말이나 상황에 쉽게 흔들리기도 합니다.

이런 기질 때문에 감성형 부모가 아이를 대할 때 자신의 정서 상태에 따라 태도가 달라지는 경향이 나타납니다. 엄마의 기분이 좋고 평온할 때는 아이에게 너그럽고 수용적입니다.

이럴 때 아이 역시 안정감을 느낍니다. 하지만 엄마가 화가 나거나, 불안하고 우울할 때는 같은 상황에서도 전혀 다른 반응을 보입니다.

물론 누구나 기분에 따라 태도가 달라질 수 있습니다. 하지만 부모-자녀 관계에서 이런 일관성 없는 태도는 아이에게 혼란을 줍니다. 어제는 허락했던 일을 오늘은 이유 없이 금지한다면, 아이는 세상에 어떤 기준을 세워야 할지 알 수 없습니다.

부모는 아이에게 '세상을 배우는 첫 교과서'입니다. 부모의 감정이 들쭉날쭉하면, 아이의 정서도 함께 불안해집니다. 따라서 감성형 부모는 자신의 감정을 잘 다루는 연습이 필요합니다. 부모가 감정을 성숙하게 다스릴수록, 아이는 정서적 안정감과 신뢰감을 배우며 자랍니다.

감성형의 부모가 나타내는 강점 중 한 가지는 자녀에게 권위적이지 않고 수평적으로 대한다는 것입니다. 앞에서 살펴본 것처럼 수평적 리더십을 가진 감성형이 부모가 되면 가정이라는 조직도 수평적 관리를 합니다. 일명 친구 같은 엄마, 아빠죠.

   Part 1 기질편 | 내 멋대로 키우지 말고, 타고난 기질대로 키우자

대화도 터놓고 편하게 나누어주며 가정의 분위기를 화기애애하게 이끕니다.

또, 무엇이나 자녀와 함께 하는 것을 좋아하며, 즐거움을 추구하는 편이죠. 하지만 한 가지, 자녀와의 수평적 관계도 좋지만 경계 없이 지나치게 편하게만 대한다면 부모의 권위가 무너질 수 있으니 조심하세요!

독특함은 절대 버릴 수 없어, 역방향 창의형

역방향 창의자 유형

세상에는 보통의 사고방식을 뛰어넘는, 남다른 관점을 타고 난 아이들이 있습니다. 이들을 역방향 창의자라고 부릅니다.

일반적인 틀에 머물지 않고, 자신만의 색깔로 사고하는 아이들이죠. 과거 산업사회에서는 낯설고 불편한 성향이었지만, 오늘날 혁신과 발명, 새로운 길을 여는 주인공들은 대부분 이런 기질을 가진 사람들이죠.

특허 1,000개 이상의 '발명왕' 토마스 에디슨도 학교에서는 산만한 아이로 평가받았고, 결국 학교에서 받아들여지지 못했습니다. 그 역시 역방향 창의자였던 것 같습니다.

우리 아이 기질 체크리스트

- ☑ 때때로 특이한 질문과 행동을 해요.
- ☑ 실험 정신과 호기심이 강해요.
- ☑ 관찰력이 예민하고 날카로워요.
- ☑ 감각이 남다르고 섬세해요.
- ☑ 감수성과 상상력이 풍부해요.
- ☑ 아이디어가 많아요.
- ☑ 정형화된 틀을 거부해요.
- ☑ 사고가 자유분방해요.
- ☑ 자기 고집이 뚜렷해요.
- ☑ 가끔 엉뚱한 행동을 해요

위 항목 중 5개 이상 해당한다면 역방향 창의자일 가능성이 높습니다. 역방향 창의자는 감성형에서 파생된 유형이므로 감성 낭만형의 특징을 공유하지만, 그 안에서도 남다른 독창적인 상상력을 가지고 태어났어요.

오른손잡이의 경우 왼손 엄지의 지문을 관찰해보세요. 왼손잡이라면 오른손 엄지를 관찰해요. 감성 낭만형의 아이처럼 고리 모양의 지문이 한 방향으로 치우쳐 흐르는 모양이 나타나요. 감성 낭만형은 고리 모양의 흐름이 새끼손가락 방향이었으나, 역방향 창의자는 그 흐름이 반대 방향인 엄지손가락을 향하고 있답니다. 어쩜 역방향 창의자 답지 않나요? 지문의 꼬리 흐름조차 반대 방향을 향하고 있네요. 역방향 창의자 아이는 흔한 기질이 아니예요. 감성형 기질 전체에서 10% 미만입니다.

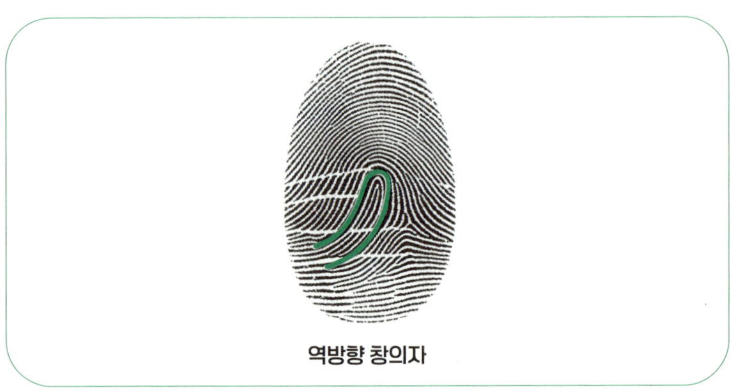

기본적인 성향

역방향 창의자는 감성 낭만형에서 갈라져 나온 만큼, 감수성이 풍부하고 자유를 추구하는 성향을 가집니다. 그러나 그 창의성의 방향은 결이 다릅니다. 일반적인 생각과 반대되는 관점을 보유하고 있어서 남다른 독특함이 나타납니다. 동일한 사물을 보더라도 다른 시각으로 해석하고, 남들이 보지 못하는 것을 포착하는 눈이 있습니다.

그래서 말투나 표현, 옷차림, 취향에서도 개성이 뚜렷하게 드러납니다. 고집이 강하고 자기 의지가 뚜렷해 보이는 이유도 이 때문입니다. 혹시 "우리 아이는 참 별나다"는 생각을 한 적이 있다면, 그건 아마도 역방향 창의자 기질의 징후일 것입니다.

강점과 약점

사람이 타고난 성향이 강점이 될지, 약점이 될지는 결국 양육 환경에 달려 있습니다. 즉, 부모가 어떤 관점으로 아이를 바라보느냐의 문제죠.

역방향 창의자 아이를 키운다면, 부모도 조금은 역방향의 마음으로 접근해 보면 어떨까요? 남들이 이상하고 특이하다고 여기는 부분이, 사실은 그 아이만이 가진 매력일 수 있습니다. 그 다름을 인정하고 빛나게 만들어주는 것, 그것이 부모의 역할 아닐까요?

역방향 창의자 아이는 호기심이 유난히 많습니다. 다른 아이들이 무심히 지나치는 것에도 관심을 가지고, 집 안의 물건을 분해하거나 관찰하며 탐구하려는 충동이 강하죠. 때로는 소중한 물건이 고장 나기도 하지만, 그 호기심과 탐구심이 아이의 창의성을 확장시키는 밑거름이라면 조금은 너그럽게 바라볼 필요가 있습니다.

지금의 이런 경험이 훗날 세계적인 창의자, 예를 들어 스티

브 잡스 같은 인물로 성장하는 발판이 될지도 모릅니다.

역방향 창의자 아이는 틀에 박힌 시스템과는 잘 맞지 않아요. 이를테면 학교나 학원과 같은 정형화된 교육 시스템 말이에요. 타고난 독창성이 틀에 얽매이는 환경에서는 오히려 약점으로 비춰질 수 있습니다.

사회성과 리더십

역방향 창의성을 가진 아이는 기본적으로 감성 낭만적인 성향이 있어서 관계 중심의 사고를 해요. 사교적이라는 거죠.

하지만 동시에 독창적인 개성이 매우 강하고, 자기만의 방식을 고집하는 경향이 있습니다. 그만큼 자신의 세계와 관점이 분명하기 때문이죠. 그래서 이런 아이의 특성을 이해하지 못하면, 관계 맺기가 쉽지 않을 수도 있습니다. 다른 사람의 눈에는 그런 독특함이 '거리감'으로 느껴질 때도 있지요. 하지만 자신의 독창성을 인정받고 소통되는 관계에서 그들은 매우 강한 의리를 보입니다.

역방향 창의자의 리더십이 가진 매력은 자유로움이에요. 권위적이거나 틀에 얽매인 리더십을 거부하죠. 구글이나 애플의 자유로운 근무 환경을 떠올려 보세요. 회사라기보다 마치 어른들의 놀이터처럼 느껴질 때가 있죠. 그런 공간에서는 역방향 창의자들이 가진 특성이 마음껏 자랍니다.

학습 성향

역방향 창의자의 아이는 호기심이 생기는 분야에서 탐구욕을 강하게 발휘합니다. 한 번 관심이 생기면 깊이 파고들며, 단순히 배우는 데 그치지 않고 비판적으로 사고하고 새로운 관점을 제시하려 합니다. 이것이 바로 창의적인 사람들에게 공통적으로 나타나는 특질입니다.

따라서 집단적이며 일방적인 주입식 교육은 이 아이들에게 맞지 않습니다. 환경 조성에 따라 공부를 좋아할 수도, 싫어할 수도 있죠. 하지만 자신의 강점인 독창성을 사용하는 환경이 마련되면 자기만의 분야를 빨리 찾아갈 수 있답니다.

이런 아이에게는 열린 부모와 교사가 필요합니다. 다소 엉뚱한 질문에도 "왜 그런 생각을 했을까?" 하며 진심으로 귀 기울여주는 분위기, 그게 바로 최고의 학습 환경입니다. 때로는 집요한 질문으로 교사를 당황하게 만들 수도 있지만, 그 호기심을 억누르지 말고 오히려 인정과 칭찬으로 키워줘야 합니다. 그렇지 않으면 아이의 독창성은 억눌리고 숨어버립니다.

소수의 창의적인 그룹을 조성해서 브레인스토밍과 같은 개방적인 토론 교육을 한다면 학습에 훨씬 적극적으로 다가갈 수 있어요.

적성과 재능

역방향 창의성을 타고난 아이들의 적성은 창의성을 마음껏 발휘할 수 있는 분야에서 나타납니다. 남과 관점이 다른 관찰력을 가지고 있으므로 연구, 기획, 설계, 개발 분야에서 재능을 발휘할 수 있죠.

최근에 범인을 잡기 위해 독특한 관찰력과 남다른 관점으로 범죄 사건 현장을 분석하는 직업이 있어요. 바로 프로파일러죠. 이런 사람들이 역방향 창의성을 가진 사람들일 가능성이 높습니다.

이런 아이가 언어력까지 발달한다면 독창적인 관점을 가진 작가로 재능이 나타날 수도 있을 것이고, 시각적 역량이 발달한다면 화가, 디자이너와 같은 예술성을 발휘할 수 있습니다.

인공지능 시대에 이러한 역방향의 창의성은 어느 분야에서나 최고의 경쟁력입니다. 당신의 자녀가 역방향의 창의성을 가졌다면 지금부터 그런 기질이 잠자지 않도록 깨워주세요.

스트레스 요인

역방향 창의자 성향의 아이는 어려서부터 자신의 독특한 생각이나 특이한 상상에 대해 스스로 느낄 수 있어요. 그런데 부모나 가족이 이런 면을 '쓸데없는 생각'으로 치부하면 아이의 마음은 금세 위축됩니다. '나는 이상한 사람인가?' 하는 자의식이 생기고, 그로 인해 자기효능감이 떨어지게 됩니다.

또 정형화된 시스템에 갇히는 걸 싫어하는 성향인데, 현실의 교육 시스템은 아직 정해진 틀이 많아요. 그래서 이런 틀 안에서 공부를 하려면 스트레스를 받을 수밖에 없어요. 질문이나 의구심이 많기 때문에 정해진 답을 그대로 받아들이기보다 스스로 생각하려 합니다. 그래서 수학 공식 암기를 싫어할 수도 있죠. 대신 자기만의 공부법을 적극적으로 찾아낼 수도 있어요.

부모가 자녀의 이런 성향을 고려하지 않고 지나치게 간섭하고 틀 안에 가두려 한다면 아이는 무의식중에 억압을 느끼고 스트레스를 받게 됩니다.

부모 가이드

세상의 진보는 이런 역방향 창의성을 가진 사람들로 인해 일어납니다. 혁신, 스타트업, 도전 등은 역방향 창의자의 성향에 딱 맞는 단어예요. 부모의 기준과 달라도 아이의 개성을 받아들이고 인정해 주세요. 세상에 태어나게 해준 부모의 인정은 아이에게 그 무엇보다 중요하죠. 부모는 수시로 자신의 아이를 정의합니다.

"우리 아이는 착해."
"우리 아이는 똑똑해."
"우리 아이는 인정이 많아."

부모의 이런 정의가 아이의 마음에 깊이 새겨집니다. 그리고 부모의 이런 시각을 통해 자신을 정의하고 그렇게 삶을 만들어 가게 됩니다. 그런데 부모는 때때로 자녀에 대해 부정적 정의를 내리기도 합니다.

"우리 아이는 쓸데없는 호기심이 많아."
"우리 아이는 공부에 관심이 없어."
"우리 아이는 사고뭉치야."
"우리 아이는 엉뚱해."

부모는 별생각 없이 스치듯 말했으나 이런 부정적 정의 역시 아이에 마음에 새겨지며, 부모의 말대로 자신을 정의합니다. 부모의 말은 아이에게 참 많은 영향을 주죠.

역방향 창의성을 가진 아이라면, 별난 아이가 아니라 남과

   Part 1 기질편 | 내 멋대로 키우지 말고, 타고난 기질대로 키우자

다른 매력을 가진 멋진 아이로 정의해주세요. 믿어주는 부모에 대한 의리로 진정 멋진 삶을 꾸려갈 테니까요.

부모가 창의형일 때, 이런 양육을 한다

인간은 사회적 동물입니다. 살면서 다양한 관계에 놓이는 존재입니다. 다양한 관계를 맺는다는 것은 그 안에서 다채로운 역할수행을 한다는 뜻이기도 하죠. 심리학에서는 이처럼 인간이 사회에 적응하기 위한 페르소나(persona)를 사용한다고 합니다. 페르소나는 '연극에서 사용되는 가면'을 말합니다. 즉, 심리학적으로 자신이 외부에 보이고자 하는 사회적 역할이 바로 페르소나입니다.

보통의 방식보다 나만의 방식

'부모'도 사회적 역할입니다. 부모는 어떤 역할일까요? 부모는 자녀를 먹이고 입히고 키우는 자입니다. 자녀가 성장하여 한몫을 담당하는 사회인으로 올바로 살아가도록 안내해 주는 '안내자'입니다. 자녀의 생존을 책임지고 성장으로 이끄는 '리더자'입니다.

그래서 부모의 페르소나는 도덕적이고 모범적이며 정해진 틀을 주장하죠. 자녀와 관계를 맺는 부모의 페르소나는 사회적으로 용인되는 올바른 길을 제시하고자 노력합니다. 그래서 때때로 융통성이 부족해 보이고 고지식합니다.

이처럼 모든 부모의 페르소나는 안정형에 가까운 것 같습니다. 그렇다면 안정형과 거리가 있어 보이는 역방향 창의형의 부모는 어떤 양육자가 될까요? 자유로운 감성과 자신만의 독특한 관점을 소유하고 있으며, 어떤 틀에 얽매이는 것을 거부하는 역방향 창의형도 부모라는 역할이 생기면 이처럼 때때로 정형화된 부모의 페르소나를 사용합니다.

그러나 부모라는 역할이 생겨도 자신의 본질을 숨길 수는 없어요. 역방향 창의자는 모든 측면에서 자신만의 관점을 가집니다. 일반적인 사람들이 갖는 생각과 거꾸로 된 방향이라는 측면에서 '역방향'이라는 별칭까지 생겼죠. 그러다 보니 자녀를 키울 때도 보통의 방식을 거부하고 자기만의 방식을 추구하기도 합니다. 무엇이든 남들과 똑같이 하는 것은 역방향 창의자 부모에게 흥미가 생기지 않기 때문이죠. 먹는 것도, 입는 것도, 자녀교육도요.

21세기에 맞게, 창의적 양육

역방향 창의자는 정형화된 틀이나 규칙을 거부하는 성향입니다. 감정이나 행동, 사고가 매우 자유롭습니다. 이런 성향이 부모라는 역할을 가졌다면 그 자체로 답답함을 느낄 수도 있습니다. 그래서 부모이기 때문에 자녀에게 도덕적인 규칙이나 틀을 제시해야 할 때, 그것을 거부하거나 마땅해하지 않을 수 있죠. 자신의 자유로움으로 자녀에게도 자유로움을 허용하는 것인데, 이것은 삶의 가치관이나 도덕적 기준을 가져야 하는 시기의 아이들에게 위험할 수도 있겠죠.

반면에 다양한 관점을 가지고 열린 태도로 살아가는 측면에서 역방향 창의자가 부모라면 자녀에게도 삶의 유연성과 남들이 생각하지 못하는 독특한 관점을 물려줄 수 있어요.

그 어느 때보다 독창성이 강조되는 사회입니다. 창의적인 성향의 부모라면 자녀에게 다른 관점의 질문도 할 수 있고 아이는 그것을 배우게 되죠. 또한 역방향 창의자 부모의 남다른 호기심은 아이를 세심히 관찰하며 자녀의 독특한 개성을 잘 발견해 줄 수 있어요. 그렇다면 진정한 21세기형 부모가 될 수 있겠죠.

갈등보다 평화를 추구하는, 조정형

조정자 유형

'다 거기서 거기'라는 말이 있습니다. 사람의 성향은 다 비슷하다는 뜻이죠. 반면에 '십인십색(十人十色)'이라는 말도 있습니다. 사람은 다 다르다는 뜻이죠.

아이들도 마찬가지예요. 비슷비슷하지만 또 저마다 타고난 개성이 숨겨져 있습니다. 사람은 타고난 개성대로 살아갈 때 가장 편안합니다. 그러나 그 개성을 거스르며 살면 마음이 불편해지고, 때로는 이유 모를 불행감을 느끼기도 합니다.

자, 이번에는 충돌보다는 평화, 거절보다 수용으로 살아가길 원하는 조정형을 만나러 갈까요?

우리 아이 기질 체크리스트

- ☑ 말수가 적고 조용하고 얌전해요.

- ☑ 내향적이에요.

- ☑ 남의 말을 잘 들어줘요.

- ☑ 양보를 잘해요.

- ☑ 싸움이나 갈등의 상황을 매우 싫어하며 그런 상황을 회피해요.

- ☑ 호기심이 많아서 상식이 풍부해요.

- ☑ 궁금한 것은 꼭 직접 알아봐야 직성이 풀려요.

- ☑ 친구 사이에서 중재를 참 잘해요.

- ☑ 누구에게나 친절하고 거절을 어려워해요.

- ☑ 대인관계가 넓어요.

위 체크리스트에서 5개 이상에 해당한다면, 아이는 조정자 유형일 가능성이 높습니다. 오른손잡이라면 왼손 엄지를, 왼손잡이라면 오른손 엄지손가락의 지문을 살펴보세요. 지문의 중심에 에스(S)자 형태의 큰 회오리가 넓게 펼쳐지며 마치 두 고리가 서로 얽혀 있는 듯 보입니다. 다른 기질의 지문 형태보다 손가락 전체로 넓게 펼쳐지는 모양이 타인에 대한 수용성과 포용력이 넓은 기질이라고 말하는 듯하네요.

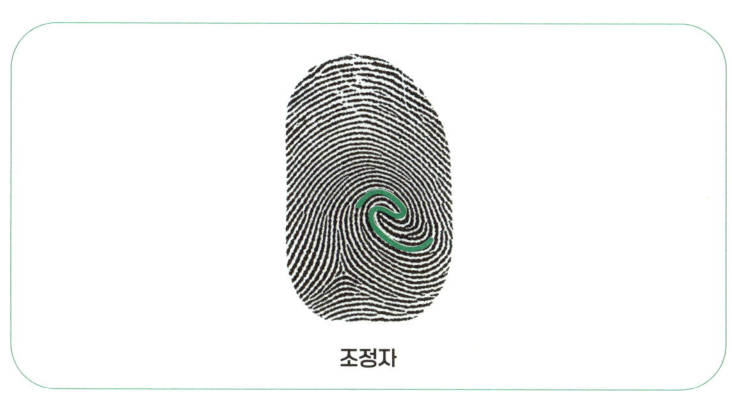

조정자

기본적인 성향

중재자(조정자) 유형으로 태어난 아이는 그 어떤 유형보다 타인에 대한 포용력이 좋아요. 초점을 상대에게 맞추고, 들어주고, 이해해주는 힘은 조정자 유형의 타고난 기질입니다.

미하엘 엔데를 세계적인 작가로 만들어준 《모모》라는 작품을 들어보셨죠? 작품 속의 모모는 떠돌이 거지 소녀지만 특별한 능력이 있었답니다. 그것은 바로 '경청 능력'이었죠.

모모는 단순히 잘 듣는 능력을 넘어, 화자 스스로 답을 찾아가게 하는 능력과 비밀도 술술 말하게 하는 능력이었습니다. 현대 사회만큼 소통 능력이 강조된 적은 없었던 것 같아요. 소통 능력에서 잘 듣는 힘은 경쟁력이고 특별한 능력임이 틀림없어요. 모모는 조정자 성향을 타고났던 걸까요?

조정자(중재자)의 성향은 말 그대로 관계 간의 조정을 잘하는 성향이에요. 양쪽의 장점을 잘 연결하고 조합하죠. 반면에 양자택일의 상황을 어려워하고, 갈등과 분쟁 상황을 싫어하기 때문에 언제나 조정과 중재를 하며 평화를 추구합니다.

강점과 약점

조정자 성향의 아이는 무엇이든 조합하는 능력이 뛰어나요. 다양한 지식을 연결하고, 폭넓은 대인관계로 사람과 사람을 연결하는 다리의 역할도 잘합니다.

또 호기심이 매우 넓고 커서 모르는 게 없을 정도로 다양한 정보를 가지고 있죠. 궁금한 것은 반드시 직접 알아보고 체험해봐야 직성이 풀리는 성향이에요. 그런데 이것이 곧 약점이 되기도 한답니다. 호기심 때문에 이것저것 생각도 너무 많고, 그로 인해 한 가지에 대한 끈기와 집중력이 약할 수 있어요. 이것이 다른 사람에게는 산만함으로 보이기도 하고요.

따라서 부모는 조정자 성향의 강한 호기심을 어떻게 다루어 줘야 할지 고민이 필요해요. 다양한 호기심의 욕구를 채워 주는 노력과 동시에 관심 가는 한 가지에 꾸준히 집중하도록 환경 조성을 잘해야겠죠.

사회성과 리더십

조정자 성향의 아이는 친구를 두루두루 폭넓게 사귀어요. 변화에 적응력도 뛰어나고, 관계의 조율을 잘하기 때문에 단체생활도 잘하죠. 단체생활에서는 주로 양보를 하는 편이에요. 혹시 아이가 양보를 많이 한다고 아쉬워하지 마세요. 조정형 성향의 아이는 친구와 의견 충돌이나 갈등을 일으키기보다 자신이 먼저 양보하고 마음의 평화를 얻는 쪽을 원하는 거니까요.

그래서 자신의 의견을 직접적으로 표현하거나 강하게 주장하지 않아요. 굳이 남보다 앞서 나가려고 하지도 않고요. 최고의 위치보다 조력자로, 1등보다 2등이 편안한 성향입니다. 1등을 해야 안정감을 느끼는 기질도 있지만, 2등이 더 행복한 기질도 있다는 점을 잊지 마세요. 조정형은 경쟁보다 화합을 원하는 중용의 리더십을 추구하기 때문에 그렇죠.

조정자 아이는 엄마와 아빠 사이에서 화평을 담당하는 중재자예요. 사회에 나가면 직원과 사장을 중재하는 중간관리자이며, 나라와 나라 사이를 연결하는 외교 전문가로서 리더십을 발휘할 수 있는 성향입니다.

학습 성향

조정자 성향의 아이는 주도적인 학습을 원해요. 타고난 호기심 왕이죠. 그리고 무엇에 호기심이 생기면 직접 조사하고 분석하고, 검증하는 과학자 스타일이에요. 그래서 다양한 재료가 환경으로 제공될 필요가 있고, 현장 체험 학습의 효과가 높죠. 아마도 스스로 배우고 싶다는 것이 많아서 부모도 헷갈릴 수 있어요. 하지만 이때 부모가 중심을 잘 잡아야 합니다. 지적 호기심이 커서 이거나 저거나 다 배우려 하지만 한 가지를 집중력 있게 파고드는 학습도 필요하죠. 지나치게 넓게 펼치다 보면 자신의 전문 분야를 만날 수 없어요. 그러므로 적당한 시점에 적성의 우선순위를 잡아 줄 필요가 있습니다.

한 가지 관심사로 시작하여 연결하고 확장하는 융합형 공부를 잘하는 성향이므로 부모나 교사는 아이가 다양한 자료와 환경이 필요로 한다는 사실을 인정하고 도움을 줘야 합니다. 동시에 조정자 아이가 어느 분야에 더 재능을 보이는지 잘 관찰해서 한 방향으로 이끌어 줄 수 있어야 합니다.

적성과 재능

조정자 성향은 '다양성'과 잘 어울리는 기질입니다. 다방면으로 관심을 나타내고, 다양한 생각을 하며, 여러 분야의 사람과 관계를 맺습니다. 조정자의 아이가 언어지능이 높다면 상대의 말을 들어주며 상담을 해주는 분야에 적성이 나타날 수 있

　　　Part 1 기질편 | 내 멋대로 키우지 말고, 타고난 기질대로 키우자

겠죠. 협상이나 설득을 탁월하게 잘할 수 있고요. 또 다양한 지식이나 정보를 융합하고 조율하는 평론가나 작가 분야에도 재능을 보일 수 있습니다.

아이의 적성이나 재능은 타고난 기질에 의해 발현됩니다. "자기 성질대로 살아간다"라는 말이 있죠. 타고난 성질 즉, 기질이 적성이나 재능의 기반이 된다는 말입니다. 그러므로 아이의 타고난 성향을 제대로 이해한다는 것은 타고난 재능을 발굴해주는 것과 같습니다.

조정자의 성향이며 동시에 언어력이 탁월한지, 관찰력이 탁월한지, 관계 조율에 탁월한지 관심을 가지고 지켜보는 부모는 반드시 아이의 적성을 발견할 수 있어요.

스트레스 요인

조정자 성향의 스트레스는 '참아서 오는 스트레스'입니다. 상대의 입장을 잘 들어주기는 하나, 자기 입장을 내세우거나 주장을 삼가는 성향이죠. 하지만 사람이 듣고 이해하는 데에도 한계가 있어요. 인간관계에 적당한 충돌도 때로는 필요하죠. 그러나 갈등을 회피하는 조정자 성향은 결국 문제가 있어도 표현하지 않고 마음에 쌓아두는 회피형이 됩니다. 쌓아둔 것은 없어지지 않아요. 언젠가는 터져 나오기 마련입니다.

조정자 성향의 자녀를 둔 부모라면 이 점을 알고 있어야 합니다. 때로는 자기주장이 필요하고, 스스로 결단을 내려야 하며, 충돌이 오히려 관계를 개선할 수도 있다는 사실도 알려줘야 합니다. 타고난 기질 때문에 처음엔 힘들 수 있어요. 부모는 아이 곁에서 이런 부분의 훈련을 도와줄 수 있어야 합니다.

또, 상대방을 배려하는 성향이다 보니 자신이 진정으로 원하는 것을 얻지 못하는 경우가 있죠. 이것이 쌓이면 스트레스입니다. 따라서 부모에게 정확히 표현하는 연습, 즉 '내가 진짜 원하는 것이 무엇인지 말하는 연습'이 필요합니다.

부모 가이드

조정자의 아이는 부모를 힘들게 하지 않아요. 부모를 수용하니까요. 어릴 때부터 순응적이고 얌전하거든요. 그래서 우리 아이는 문제가 없다고 느낄 수 있어요. 과연 그럴까요?

조정자 성향의 아이라면 그 내면을 들여다보실 수 있어야 합니다. 타고난 기질 때문에 양보하고 배려하고 있지만, 자신의 욕구가 없는 것은 아닙니다. 자신의 욕구를 저 밑에 숨겨놓고 있는 거죠. 부모는 아이와 대화를 통해 그것을 찾아내 주고 해소해야 합니다.

또 호기심이 많아서 이거저거 넓게 펼쳐나가기만 할 때 지켜만 보면 안 돼요. 적절한 개입이 필요합니다. 아이의 호기심에 우선순위를 정해보세요. 물론 아이와 함께요. 그 순서에 따라 가지치기하고, 집중해야 할 분야에 더 많은 지원을 해주세요.

조정자 아이에게는 '맺고 끊는 법'을 조언해 줄 수 있는 멘토가 꼭 필요합니다.

부모가 조정형일 때, 이런 양육을 한다

조정형의 포용력은 자녀 양육 시에도 어김없이 나타납니다. 부모와 자녀 역시 인간관계를 맺는 것이고, 관계 지향적인 조정형의 부모는 자녀와 평안한 관계를 지향합니다. 갈등이나 충돌을 매우 불편해하는 조정형의 부모는 이를 회피하기 위해 대체로 아이의 욕구를 받아주며 키우게 되죠.

그러나 이런 부분이 자칫 문제가 되기도 합니다. 인간관계에서 건강한 갈등이나 충돌은 때때로 긍정적 발전을 가져옵니다. 그런데 조정자 유형의 부모는 갈등이나 충돌을 원하지 않으므로 이것이 필요한 상황에서도 수용적인 태도를 보일 수 있습니다. 또, 거절을 어려워하는 성향으로 자녀가 바람직하지 않은 요구를 할 때도 들어주는 경향성이 있습니다.

조정형의 수용력은 독일까, 약일까?

중학생의 자녀를 둔 조정형 엄마를 상담한 적이 있습니다.

조정형답게 아이에 대한 수용력이 최고였습니다. 아이가 학원에 다닌다고 하면 보내주고, 또 얼마 후 그만두겠다고 하면 그만두게 했습니다. 자녀에 대한 이런 태도는 생활 전반에서 나타났습니다. 엄마에게 다른 기준은 없었습니다. 아이의 요구라면 무엇이든 그대로 받아들였죠. 그렇다면 이것은 문제일까요, 아닐까요?

자녀는 부모를 통해 삶의 기준이나 인간관계의 기준을 배웁니다. 모든 요구를 수용받으며 자란 아이가 다른 관계에서 거절을 당했을 때, 그것을 자연스럽게 받아들일 수 있을까요?

무엇이든 허용되는 환경에서 자란 아이는 삶의 기준을 세우기 어려울 수 있습니다. 조정형 부모는 이 점을 반드시 주의해야 합니다. 의도한 것은 아니지만, 자신의 수용적 기질로 인해 자칫 방목에 가까운 양육이 될 수 있기 때문입니다.

또 조정형은 호기심이 많은 기질입니다. 다양한 분야에 관심을 갖는 것은 장점이지만, 지나치면 집중력이 떨어지고 산만해질 수 있습니다. 부모가 이런 기질을 가지고 있다면 자녀에게도 이것저것 시키며 방황하게 만들 위험이 있습니다. 혹시 부모의 산만함 때문에 자녀의 적성을 찾지 못한 채 이리저리 떠돌게 만드는 것은 아닌지 스스로 점검할 필요가 있습니다.

자기표현이 필요한 조정자

또한 자기표현을 어려워하는 조정형은 내향성 기질이기도 합니다. 머릿속 생각은 가득하지만 자기 의견으로 표현하는 것을 어려워합니다. 부모가 이런 성향이라면 자녀에게도 자연스레 표현을 잘 하지 않게 되고, 아이 역시 '표현하는 법'을 배우기 어렵습니다. 들어주는 것도 중요하지만 나의 의견을 잘 표현하는 기술도 꼭 필요한 시대입니다. 조정형의 부모라면 자신의 강점과 약점을 잘 조정해서 자녀에게 건강한 환경을 줄 수 있어야 합니다.

부모는 자신의 기질적 특성을 알아야 합니다. 타고난 기질은 어떻게 사용하느냐에 따라 장점이 되기도, 단점이 되기도 합니다. 그리고 그것은 자녀에게 고스란히 양육 환경이 되어 지대한 영향력을 행사합니다. 따라서 부모는 자신의 기질을 알고, 그 기질을 어떻게 사용할 때 자녀에게 도움이 될지 고민해야 합니다.

나는야 태어날 때부터 대장, 리더형

리더자 유형

모든 사람은 타고난 성향에 맞는 리더십이 있습니다. 안정형, 감성형, 역발상 창의형, 조정형 모두 각자의 기질에 따라 리더십을 발휘하죠. 그럼에도 불구하고 타고난 '리더자 유형'으로 불리는 기질이 따로 있습니다. 누군가에 의한 삶보다 자발적이고 독립적인 삶을 살 때 안정감과 더불어 행복감을 느끼는 기질이랍니다.

인간은 본능적으로 자율성을 원하지만, 실제 어린 시절은 부모의 기준 안에서 타율적으로 살아갈 수밖에 없는 시간이 길죠. 그렇기 때문에 리더형 아이는 어떤 부모를 만나느냐에 따라 그 장점이 훨씬 빛나기도, 반대로 억눌리기도 합니다.

당신의 자녀가 리더형이라면, 이 기질을 제대로 이해하는 것이 무엇보다 중요합니다.

우리 아이 기질 체크리스트

- ☑ 어려서부터 자기 의사 표현이 정확하다.
- ☑ 자기가 원하는 것을 고집하고 주장한다.
- ☑ 표현은 잘 안 하지만 은근히 고집이 세다.
- ☑ 무엇을 하더라도 스스로 하려고 한다.
- ☑ '내가 할래'처럼 '내가'라는 말을 자주 사용한다.
- ☑ 부모의 지시에 순응하기보다 자신이 결정하려고 한다.
- ☑ 엄마가 입히고 싶은 옷이나 모자를 강요할 수 없다.
- ☑ 책임감이 강하다.
- ☑ 친구들 틈에서 지시하는 편이며, 대장을 하고자 한다.
- ☑ 승부욕이 강해서 이기고 지는 것에 예민하다.
- ☑ 부모의 말에 수용적이지 않다.

위 체크리스트에서 5개 이상을 차지한다면 당신의 아이는 타고난 리더자 유형입니다. 오른손잡이의 경우 왼손 엄지를, 왼손잡이라면 오른손 엄지를 보세요. 손가락에 지문의 모양은 대체로 동그라미의 형태를 가지고 있습니다. 원, 타원, 나선의 동그라미와 같은 형태가 나타납니다. 동그라미는 안정형이나 감성형과 같이 그 모양이 열려있는 형태가 아니라 닫힌 형태라고 볼 수 있습니다. 즉, 리더형의 성향은 자기 자신의 기준안에서 타인이 보기에 고집으로 나타나는 자기만의 폐쇄성이 있다고 해석할 수 있죠.

우리나라 전체 분포의 45%를 차지하는 타고난 리더자 유형은 그 특성에 따라 다시 몇 가지로 분류됩니다. 우선은 리더자 유형이 갖는 공통적인 기질을 알아본 후 하나씩 다른 특색의 리더자 유형을 만나겠습니다.

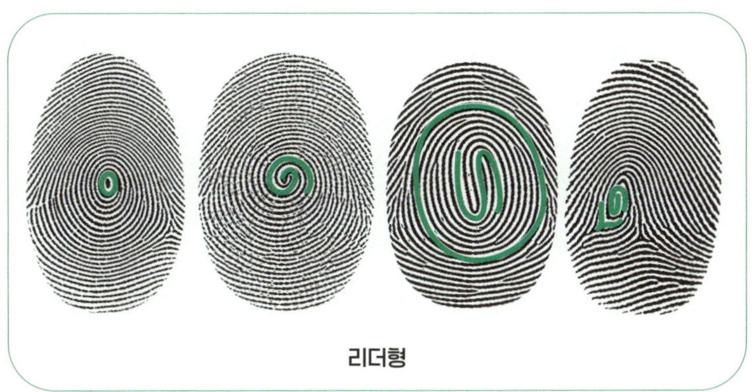

리더형

기본적인 성향

리더형의 성향을 한마디로 말하면 '타고난 전략가'입니다. 그만큼 하나의 목표를 성취하기 위해 전략을 세워 적극적으로 전진하고, 꾸준히 밀어붙이는 성향이라는 거죠. 장기적이고 계획적이며, 부분보다 전체를 파악하고자 합니다.

리더형 아이는 일시적으로 부모에게 순응할 수 있겠으나, 내면에는 부모에게 끌려가는 것에 거부감이 있습니다. 사람이나 상황, 환경을 스스로 주도할 때 안정감을 느끼기 때문이죠. 그래서 부모에게는 고집처럼 보이기도 합니다.

또한 리더형은 무엇을 하더라도 섣불리 시작하지 않는 경향이 있습니다. 자신이 세운 목표에 성실하게 책임을 다하는 완벽성을 추구하는 기질 때문입니다.

강점과 약점

리더형이 갖는 강점은 책임감, 성실성, 끈기, 추진력입니다. 일의 성취에 좋은 자질이죠. 그러나 이런 강점도 상황에 따라 약점으로 나타나기도 합니다.

리더형 아이는 인정받고, 인격적으로 존중받을 때, 믿고 기다려 줄 때 리더답게 움직입니다. 그러나 부모가 모든 것을 알아서 다 해줄 때, 지시와 명령으로 강요할 때, 격려보다 억압할 때 리더형의 활력은 사라집니다. 자신의 기질로 움직이지 않죠. 목표를 세우지 않고 성과를 위해 스스로 달려가지도 않습니다. 그래서 리더형은 극단적으로 '잘하거나, 완전히 안 하거나' 두 가지 모습이 나타납니다.

　　　Part 1 기질편 | 내 멋대로 키우지 말고, 타고난 기질대로 키우자

승부 근성을 발휘하는 것은 리더형의 강점입니다. 그러나 지나친 경쟁심과 승부욕은 자칫 편법도 용인하게 합니다. 게다가 이기지 못할 가능성이 있는 상황에서는 아예 도전하지 않으려 하기도 합니다.

또, 목표 중심으로 행동하기 때문에 세심한 부분을 놓치는 경우가 있고, 감정을 드러내는 것을 싫어하며, 타인의 감정에 공감력이 떨어지기도 합니다. 리더형은 대체로 자존심이 강한데 이것은 강점일까요, 약점일까요? 어떻게 사용하느냐에 따라 다르겠죠.

사회성과 리더십

리더형은 내향성과 외향성으로 나뉩니다.

내향 리더형은 리더 기질임에도 먼저 나서지는 않아요. 그러나 막상 리더가 되면 타고난 리더십을 발휘하여 주위를 놀라게 합니다. 이렇게 내향 리더형은 리더의 자리에 갈 기회를 만나야 합니다.

외향 리더형은 어느 자리에서도 자타 공인 리더의 역할을 끊임없이 하며 살아갑니다. 한번 골목대장은 영원한 대장인 거죠.

리더형의 아이는 어려서부터 표가 납니다. 부모의 지시는 거부하며 자신은 친구들에게 지시하는 것을 당연하게 여기죠. 주관이 분명하고 자기가 나아갈 바를 정확히 압니다.

리더형은 개성에 의해 몇 가지 유형으로 나뉩니다. 이 부분은 잠시 후 개별로 다루겠습니다.

학습 성향

리더형의 학습 성향은 자기 주도적입니다. 그래서 부모나 교사의 안내를 받더라도 처음부터 끝까지 떠먹여 주기식은 맞지 않아요. 부모나 교사가 권위적인 태도로 공부를 강요하는 것도 거부합니다.

리더형은 언제 안정감과 행복감을 가진다고 했죠? 자신이 리더가 될 때예요. 그러니 공부의 주도권이 자신에게 있을 때 책임감을 발휘한다는 거죠. 아직은 어려서 모든 주도권을 갖기는 어렵지만, 부모는 슬며시 아이를 인정해 주면서 적절한 개입을 통해 아이 스스로 선택하고 판단하도록 유도할 필요가 있어요.

일방적인 주입식 공부나 단체 속에서 경쟁심을 부추기는 공부도 리더형에게는 바람직하지 않아요. 아이에게 주도권과 발언권이 주어질 수 있는 소수 그룹의 토론 학습이나 조언을 받으며 일대일로 주고받는 형식이 리더형 아이의 기질에 맞습니다.

아이가 "내가 알아서 할게요"라고 한다면, 부모는 잠시 기다릴 줄 알아야 합니다. 리더형 아이는 자신의 말에 책임을 지려고 노력하는 아이입니다. 믿어주고 인정받을 때 최선을 다해 이루어 나가죠.

적성과 재능

리더형의 기질은 '리더의 자리'에서 확실히 나타납니다. 리더의 위치는 추진력으로 성과를 만들어내는 자리입니다. 감정보다 사실을 추구하며, 두려움보다 용기를 선택해야 하는 자리입니다.

그래서 대체로 리더형의 적성은 타고난 기질을 강점으로 사용하는 분야에서 나타나게 됩니다. 스스로 업을 만들어내는 창업가, 조직 속에서 관리자나 지도자로 성장하는 길 등이 대표적입니다.

판단과 의사결정의 실패를 원하지 않으므로 논리적이며 분석적입니다. 여기에 언어적인 재능까지 갖췄다면, 미국 44대 대통령 버락 오바마처럼 설득력 있는 연설가로서 리더십을 빛낼 가능성도 있습니다.

리더형은 사람을 잘 알아보는 눈을 가지고 있습니다. 감성적인 부분은 약하지만, 의리가 강하고 상대를 잘 이끌어주죠. 변덕이 적고 일관성이 있어서 자신의 재능을 발휘할 분야를 찾는 다면 꾸준히 전진해 나갑니다.

따라서 부모는 아이가 어떤 영역에서 리더십이 자연스럽게 발현되는지, 어떤 상황에서 주도권을 쥐고 싶어 하는지 면밀히 살펴볼 필요가 있습니다. 세심한 관찰이 아이의 재능을 발견하는 출발점이 되니까요.

스트레스 요인

사람은 자신이 타고난 기질과 어울리지 않는 상황에서 강한 스트레스를 받습니다. 기질은 타고난 본능과 흡사합니다. 자신의 본질과 다른 방향으로 갈 때 많이 힘들 수밖에요.

리더형 아이가 가장 스트레스를 받을 때는 권위적인 부모에게 일방적인 지시를 받고 억지로 따라야 할 때입니다. 이것은 다른 말로 자신이 부모에게 전혀 인정받지 못하고 있다는 뜻이니까요. 아직 표현이 서툴더라도, 리더형 아이는 본능적으로 이러한 감정을 분명히 느낍니다. 리더형 아이는 부모에게 인정받을 때, 존중받을 때 행복합니다. 부모라도 자신에게 침범한다고 느낄 때 스트레스가 커요.

또한 인정 욕구와 승부욕이 강해 경쟁에서 질 때 스트레스를 강하게 받습니다. 부모는 이 기질을 이해하고 이끌어주어야 합니다. 경쟁이 반드시 '이겨야만 의미가 있는 것'이 아니라는 것, 결과보다 최선을 다하는 과정이 중요하다는 것을 반복적으로 알려줄 필요가 있어요. 이런 부모의 조언은 자기조절 능력을 성장시켜 줍니다. 완벽주의 성향이 강한 리더형에게는, 세상이 제 뜻대로만 흘러가지 않는다는 사실을 받아들이는 인내심과 실패 후의 회복 탄력성이 매우 중요합니다.

부모가이드

리더형 아이에게 가장 효과적인 훈육은 무엇일까요?

결론부터 말하면, 부모도 전략적이어야 한다는 것입니다. 리더형 아이는 자신의 판단을 중요하게 여기기 때문에, 부모의 말이 '잔소리'나 '일방적 지시'로 들리는 순간 마음을 닫아버립니다.

생각해 보세요. 직장에서 사장님이 직원의 잔소리를 듣는 일은 없죠. 하지만 현명한 사장이라면 직원의 충언은 기꺼이 귀 담아듣습니다. 리더형 아이도 이와 비슷합니다. 사장님처럼 떠받들라는 뜻이 아니라, 존중을 기반으로 한 대화 방식이 필요하다는 뜻입니다.

리더형 아이는 어려서부터 어른스럽고, 이성적이며, 스스로 판단하길 원합니다. 그래서 부모의 일방적인 명령보다 경청과 조언의 태도에 더 잘 반응합니다. 대화법이 중요한 이유가 여기에 있습니다.

'~해라'라는 지시형 표현은 마음속 깊은 곳에서부터 거부반응이 올라오죠. 리더형 아이의 마음에는 이미 작은 '사장님'이 자리 잡고 있으니까요.

"엄마는 지금 이게 필요한데, 이것 좀 도와줄 수 있니?"

"공부를 잘하려면 무엇이 필요할까? 엄마랑 같이 생각해 볼까?"

"네가 그 친구였다면 어떤 기분이 들었을까? 잠시 생각해 보고 이야기하자."

"엄마는 이렇게 하는 것이 좋을 것 같은데, 네 생각은 어때?"

자녀를 키우는 부모의 마음은 조급해지기 쉬워요. 조급함은 결국 간섭이 되고, 간섭은 아이의 주도성을 빼앗습니다. 주도적으로 태어난 리더형 아이도 이런 환경에서는 자신을 숨기는 전략을 쓰기 시작합니다. 겉으로는 순응하는 것처럼 보이지만, 사실은 리더 성향의 참 자아가 깊숙이 잠겨버리는 것이죠.

그래서 리더 기질을 타고났음에도, 부모의 양육 태도 때문에

   Part 1 기질편 | 내 멋대로 키우지 말고, 타고난 기질대로 키우자

자신의 힘을 활용하지 못하는 아이들을 종종 만나게 됩니다. 주도적 성향으로 태어난 리더형 아이를 키우고 있다면, 지금 어떤 방식으로 아이를 대하고 있는지 잠시 멈추어 돌아볼 필요가 있습니다.

리더형 ①완벽주의자 유형

리더형은 그 특징에 따라 다시 몇 가지로 세분화됩니다. 완벽주의자 기질, 엄격한실행자 기질, 협조자 기질, 이상주의자 기질, 특수사고자 기질이 바로 그것이죠. 이들은 모두 기본적으로 앞서 설명한 전형적인 리더형의 공통 특성을 지니면서도, 동시에 각자 특징적인 개성을 갖고 있습니다. 이 중 우리나라에서 매우 소수만 나타나는 특수사고자 유형을 제외하고, 지금부터 각 유형의 특징을 하나씩 살펴보겠습니다.

아래 체크리스트는 앞서 소개된 리더형의 특성과 함께, 완벽주의자 리더형을 구별하는 추가적인 특징을 보여줍니다.

☑ 무엇을 하든지 일등을 원해요.

☑ 승부 근성이 매우 강해요.

☑ 골목대장 스타일이에요.

☑ 활발하고 역동적이에요.

☑ 완벽함을 추구해요.

☑ 어딜 가나 분위기를 주도해요.

완벽주의자 리더형은 리더형 중에서 가장 역동적인 스타일입니다. 누가 봐도 한눈에 보이는 외향성의 기질이죠. 오른손잡이라면 왼손 엄지, 왼손잡이라면 오른손 엄지를 살펴보세요. 지문의 중심무늬가 동그랗게 자리하고, 그 주변이 물결 파장 모양으로 겹쳐서 형성되어 있어요.

완벽주의자

야망가, 전략가

완벽주의 리더형 아이는 야망이 큽니다. 야망이 크다는 것이 어릴 때 어떻게 나타날까요? 욕심이 커 보이기도 하고, 승부욕이 매우 강하게 나타나기도 하죠. 나이가 어려도 단호한 카리스마가 있고, 성취를 위해 목표를 세우고, 그에 따른 세밀한 전략을 영리하게 세우는 전략가예요.

완벽을 추구하는 기질이니, 자신이 세운 목표를 이루기 위해 누가 협조자가 될 수 있는지를 빠르게 파악하는 능력도 돋보입니다. 성인이 되면 인재를 알아보고 적재적소에 배치하는, 효율 중심의 사업가 스타일로 성장할 가능성이 크죠.

외향성 리더형답게 언어 호소력도 강하고 자기표현도 적극적입니다. 어디에서나 분위기를 주도하는 편이죠. 하지만 최고와 완벽을 향해 달려가는 기질인 만큼, 자신이 원하는 방향으로 나아가지 못할 때, 혹은 성취가 아닌 실패를 경험하게 될 때 스트레스를 크게 받을 수밖에 없습니다. 그리고 실패를 쉽게 인정하지 않는 경향도 함께 나타나죠.

실패를 용납할 수 없어서

이솝 우화 '여우와 포도 이야기' 아시죠?

배고픈 여우가 포도밭을 발견하지만, 포도는 너무 높은 곳에 달려 있었습니다. 점프도 하고, 나무도 타 보지만 끝내 닿지 않자 여우는 돌아서며 말하죠.

"저 포도는 어차피 신 포도일 거야."

완벽주의자 리더형은 원하는 것을 얻지 못했을 때 이 여우와 비슷한 모습을 보일 수 있습니다. 속마음은 아쉽고 분하지만, 실패를 인정하는 대신 마음속에서 '신 포도'로 만들어버리는 합리화를 하죠. 경쟁에서 지는 것을 유난히 견디기 힘들어하기 때문에, 실패할 가능성이 보이면 애초에 도전을 피하는 단점으로 이어지기도 합니다.

부모 가이드

이런 성향을 부모가 일찍이 알아차린다면 어려서부터 승패에 대한 생각을 건강하게 바꿔줄 필요가 있겠죠. 목표와 성취 중심의 삶은 쉽게 지칠 수 있어요. 인생은 완벽할 수 없잖아요.

아이와 이런 부분에 관한 대화를 자주 나눠보세요. '지고는 못살아'를 추구하는 완벽주의 리더형이 '때로는 지는 것이 이기는 것'이라는 역설까지 이해한다면 금상첨화겠죠.

리더형 ② 엄격한실행자 유형

우리나라 리더형 기질은 전체 인구의 약 45%를 차지합니다. 그중에서 엄격한실행자 리더형은 절반 이상입니다. 우리 사회가 집단적으로 보여주는 고집, 우직함, 끈기 같은 특성이 이 유형의 비중과 맞닿아 있습니다.

리더형의 공통 성향에 더해, 엄격한실행자 리더형은 다음과 같은 특징이 두드러집니다.

우리 아이 기질 체크리스트

- ☑ 도덕심이 강하고 정의롭다.
- ☑ 책임감이 강하고 성실하다.
- ☑ 자기 기준이 분명하다.

☑ 고지식하고 사무적이다.

☑ 계획을 세우면 실행력이 철두철미하다.

☑ 스스로 엄격하다.

☑ 자존심이 강하다.

오른손잡이는 왼손 엄지를, 왼손잡이는 오른손 엄지를 살펴보세요. 무늬의 중심에서부터 달팽이 모양의 나선이 보입니다.

스스로 엄격하게, 성실하게, 어른스럽게

엄격한실행자 리더형은 내향성 리더형입니다. 겉으로 봐서는 리더형으로 보이지 않을 수 있다는 거죠. 튀지 않으려 하고,

표현도 적기 때문에 차분하고 얌전해 보이지만, 그 내면의 강함과 근성은 누구도 쉽게 따라오기 어렵습니다.

이 유형은 상황과 관계를 바라보는 자기만의 엄격한 기준이 분명합니다. 그리고 그 기준에 따라 삶을 매우 성실하게 살아가죠. 그래서 때로는 고집스러워 보이고, 융통성이 부족해 보이기도 합니다. 자기 신념이 강하다 보니 '반드시 이렇게 해야 한다'는 생각을 타인이나 상황에도 그대로 적용해 갈등이 생기기도 해요.

내향성의 엄격한실행자 리더형은 표현은 잘 안 하지만 내면은 꽤 어른스럽습니다. 말도 꽤 어른스러운 어휘를 사용하곤 합니다. 이들은 스스로 판단하기를 원합니다. 따라서 훈육이 필요할 때는 가르치려 들기보다는 아이에게 생각할 시간을 허용하는 것이 좋습니다. 잠시 여유를 주면 아이는 자기 생각을 정리하고, 반성할 부분과 앞으로의 방향까지 스스로 찾아 부모에게 말할 겁니다.

엄격한실행자 리더형은 이름 그대로 자기 자신의 삶에 엄격한 기준을 적용합니다. 웬만하면 탈선과 거리가 멀다는 얘기죠. 부모가 믿어주고 인정해 주면 도덕적으로 바르게 자라게 되는 기질입니다.

그런데 문제는 이 엄격한 리더형에게 부모까지 엄격함을 요

　Part 1 기질편 | 내 멋대로 키우지 말고, 타고난 기질대로 키우자

구하면 어떻게 될까요? 아이는 자기 기준과 부모 기준이라는 '이중의 압력'을 받게 되겠죠. 엄격함은 자기를 세우는 힘이 되기도 하지만, 지나치면 오히려 아이를 옥죄는 결과가 될 수 있습니다. 아이가 엄격한 기질이라면 부모는 조금 여유롭게 풀어주실 수도 있어야 합니다. 건강한 균형이 중요하죠.

내향성을 끄집어내라

내향성의 아이는 어릴 때부터 자신의 생각을 끄집어내는 훈련이 필요합니다. 자기표현이 어려워서, 너무 참아서 스트레스를 받기도 합니다. 부모는 아이에게 말을 많이 걸고, 질문을 자주 해주는 게 좋겠죠.

내향성의 리더형은 리더 기질이 숨어 있으므로 사용할 기회를 만나지 못하면 평생 리더 성향을 발휘 못 할 수도 있습니다. "나는 리더형인 줄 몰랐다"고 말하는 사람이 많죠. 리더 기질이 없는 것이 아니라, 내향성이다 보니 스스로 나서지 않고, 기회도 만나지 못한 채 지나와서 그런 거예요.

부모는 이 내향성의 리더십이 생활 속에서 기회를 만날 수 있도록 적극적으로 도와주세요. 먼저 나서지는 않아도 기회를 만나면 책임감을 가지고 누구보다 성실하게 리더의 역할을 한답니다.

엄격한실행자 유형을 키우는 부모는 아이의 고집으로 힘들다는 호소를 할 수 있어요. 하지만 당신의 아이는 인정받고 싶고 존중받고 싶은 거지 고집을 피우는 것이 아니랍니다. 그 고집 뒤에 어떤 욕구가 자리하고 있는지 살펴보아야 합니다. 쓸데없는 고집인지, 아니면 아이의 내면에서 정말 중요한 무언가를 지키려는 신호인지 구분하는 것이 필요합니다.

책임감과 성실성이 누구보다 강한 아이입니다. 그 좋은 장점을 찾아주고 키워주는 것이 부모 몫이죠. 좋은 습관을 길들여주면 그 꾸준한 실행력으로 평생 건강한 삶을 살아가는 성향입니다. 지금부터 이 엄격한실행자에게 어떤 습관을 잡아줄지 고민해 봐야겠죠.

리더형 ③ 협조자 유형

타고난 리더형을 크게 둘로 나눈다면, 외향성과 내향성, 그리고 딱딱한 권위형과 부드러운 권위형으로 나누고 싶네요. 이번에 만나볼 협조자 리더형은 내향성이면서 부드러운 리더형이라고 볼 수 있답니다. 그렇지만 리더형의 기본적인 성향은 공통적으로 가지고 있으므로 자기만의 확고함과 고집은 분명 존재하죠.

우리 아이 기질 체크리스트

☑ 말수가 적다.

☑ 거절을 못해 친구들에게 주로 양보하는 편이다.

☑ 타인에 대한 배려가 많다.

☑ 남의 일에 관심이 많고 잘 돌본다.

☑ 호기심이 많다.

☑ 헌신적이다.

☑ 예의가 바르고 타인 앞에서 자신의 모습을 중요하게 여긴다.

☑ 친절하다.

오른손잡이라면 왼손 엄지손가락을, 왼손잡이라면 오른손 엄지손가락의 지문을 살펴보세요. 지문의 중심에는 S자 형태의 모양이 나타나며, S자를 둘러싼 큰 타원의 모양이 보인답니다.

협조자

조용하고 부드러운 카리스마

협조자 리더형은 부드럽고 조용한 카리스마를 가지고 있어요. 내향성 기질이라 조용하고 말수가 적지만, 리더형이므로 내면은 단단한 자기 세계를 갖추고 있죠.

이 유형은 상대를 더 배려하고, 협조하고 도와주려는 성향이 매우 강해요. 이것은 억지로 만들어진 태도가 아니라 타고난 본성이기 때문에 쉽게 바뀌지 않아요. 부모는 종종 "네 것부터 잘 챙겨야지"라고 말하지만, 협조자 리더형에게는 그 말이 크게 와닿지 않습니다. 협조자 리더형은 자신보다 친구에게 관심을 더 가지게 되고, 상대의 필요를 살피는 게 익숙하고, 그 필요를 채워 주고 해결해 주려고 동분서주합니다.

그런데 문제는 타인에 대한 이런 태도로 정작 자신의 필요를 돌아볼 여력이 부족해집니다. 게다가 자신은 헌신하지만, 상대가 똑같이 돌려주라는 법은 없죠. 그럼 협조자 리더형의 마음이 어떠할까요? 바로 이게 협조자의 스트레스죠.

거절 훈련, 표현하는 훈련

상대를 더 이해하고 배려하려는 협조자 유형은 거절을 어려워해요. 그래서 아닌 것을 아니라고 거절하는 연습이 필요합니다. 부모가 아이의 이런 성향을 알고 있어야 어려서부터 훈련이 될 수 있겠죠.

내향성의 기질이라 자신의 의사 표현을 적극적으로 하지 않아요. 이 또한 어려서부터 표현하는 습관이 필요합니다. 잘 표현하지 않으니까 별문제가 없다고 지나치기 쉽지만, 자신의 내면을 스스로 보살필 수 있도록 도와주어야 합니다. 자신의 내면이 원하는 것, 좋고 싫음에 대한 것, 불만 등에 대해서 표현하는 것도 결국 훈련이랍니다.

부모 가이드

협조자 리더형은 타인 앞에서 지적을 당할 때 굉장히 스트레스를 받아요. 체면을 중요하게 여기기 때문이에요. 부모는 특히 이 부분을 조심해야 합니다. 아이의 성향과 맞지 않는 훈육 방법은 자존심을 다치게 할 수도 있으니까요. 리더형은 부모에게 존중받기를 누구보다 원합니다. 훈육이 필요할 때 남 앞에서는 안 돼요. 일대일로 만나세요.

또 협조자 리더형은 호기심이 다양합니다. 그래서 산만함으로 나타날 수 있죠. 이 점을 유의하며 아이의 호기심을 채워 주면서 동시에 집중할 수 있는 분야를 찾아 주면 좋습니다.

     Part 1 기질편 | 내 멋대로 키우지 말고, 타고난 기질대로 키우자

리더형 ④ 이상주의자 유형

리더형이면서 동시에 예술적인 성향까지 두루 갖춘 매력적인 유형이 이상주의 리더형입니다. 기본적인 리더형의 특징 위에, 다음과 같은 예술적·감성적 특성이 더해져 나타납니다.

우리 아이 기질 체크리스트

- ☑ 언어 호소력이 강해요.

- ☑ 예술 감각이 뛰어나요.

- ☑ 일이나 공부에 성취욕이 강해요.

- ☑ 권위적이기보다는 개방적이에요.

- ☑ 무엇을 하든 기준이 높아요.

- ☑ 사람을 보는 눈이 높아요.

☑ 감성이 풍부하고 낭만적이에요.

☑ 자신의 이상에 맞는 완벽함을 추구해요.

오른손잡이라면 왼손 엄지, 왼손잡이라면 오른손 엄지의 지문을 관찰해보세요. 지문 중심에 공작새의 눈과 부리 모양이 나타나며, 공작새의 날개가 펼쳐지는 듯한 흐름도 보이구요.

이상주의자

외유내강형

이상주의 리더형은 감성적이고 낭만적인 리더형이에요. 타고난 리더형에 감수성까지 풍부하니 참 매력적이죠. 권위적인 유형의 리더형에 비하여 포용력과 따뜻함이 있어요. 얼핏 보면 리더형이 아니라는 느낌도 주지만, 자신의 고집과 주도성을 분명히 가진 리더형입니다.

내향성 리더형과 달리 표현이 적극적이고 활발한 편이며, 언어 호소력이 강해 메시지를 전달하는 능력이 탁월해요. 자연스럽게 강연가 스타일의 인상이 드러나죠.

공작새가 자신의 꼬리를 펼치며 아름다운 면모를 뽐내는 듯한 지문 모양처럼, 실제 기질도 아름다움과 예술성을 추구하죠.

이상이 높다는 것은 좋은 걸까

이상주의 리더형은 이름처럼 이상이 매우 높아요. 추구하는 이상이 일반적이지 않기 때문에 '눈이 높다'라는 말을 듣죠. 삶의 모든 영역, 예컨대 사람, 환경, 성취 등에서 기준이 높으니 스스로도 그 기준을 맞추려 노력합니다.

하지만 현실과 이상은 차이가 있어요. 기준이 높으니 현실에서 만족하기는 어렵습니다. 바로 이 지점이 이상주의 리더형의 대표적인 스트레스예요.

아이가 이 유형이라면, 먹는 것, 입는 것, 그리고 친구 선택까지 자기의 높은 기준에 맞추려 해요. 부모가 이 유형이라면 자녀에게 바라는 수준이 높아지고, 회사에서 상사가 이 유형이라면 직원에게 기대하는 기준이 높아지죠. 그러면 현실에선 만족이 쉽지 않겠죠. 자칫 모든 면에서 불만이 많아질 수 있습니다.

이상주의 리더형은 이런 타고난 자신의 성향에 대해 이해하는 것이 필요합니다. 사람은 누구나 다른 사람들도 자신과 비슷하다고 착각하곤 하죠. 하지만 이상주의 리더형은 특히 자신의 이상과 기준이 남들보다 높다는 사실을 먼저 인식해야 해요. 그래야만 현실과 이상을 조절하고, 현실과 이상을 중재하며 살아갈 수 있답니다.

자기 이해력이 높아야 자신의 삶을 행복하게 잘 디자인할 수 있습니다. 부모의 이해도 필요하지만, 결국 아이 스스로 자신의 성향을 알아야 성장 과정에서 균형을 잃지 않고 건강하게 나아갈 수 있어요.

부모 가이드

이상주의자 리더형은 앞에서 본 것처럼 강점이 많아요. 그 강점이 어디에 주로 사용되는지 살펴주세요. 이상이 높다 보니 무엇을 하든 완벽하게만 하려는 경향이 있답니다. 자신의 이상에 맞지 않을 경우, 쉽게 포기해 버리기도 하죠. 부모는 아이와 대화를 자주 나누며 이렇게 말해줄 필요가 있어요.

"반드시 완벽하지 않아도 괜찮아."

"중요한 건 과정이고, 너만의 속도야."

　　이상주의 리더형은 부드러운 성향이지만 리더형의 기본 성향을 가지고 있기 때문에 자기주장에 대해 고집스러움이 있어요. 이럴 때 '주장의 근거가 무엇인지', '왜 그렇게 생각하는지' 등에 대한 대화를 나눠보세요. 표현을 곧 잘하는 성향이기 때문에 말로 의사소통이 충분히 가능하답니다.

　사람은 어떤 기질을 타고났든 자기만의 고집과 주관을 지니고 살아갑니다. 사람은 사회적 존재이면서 동시에 자립을 원하는 존재니까요. 그래서 우리가 앞에서 살펴본 모든 기질에는 나름의 리더십이 있지만, '리더형'으로 불리는 '타고난 리더자 유형'은 다른 기질과는 확연히 구별되는 리더십을 갖습니다. 말 그대로, 뱃속에서부터 리더인 사람들이죠.

　그런 리더형이 부모가 되었다면 어떨까요? 자신의 기질이 어떻든 부모에게는 자녀를 이끄는 '리더'의 역할이 중요한데요. 그렇다면 타고난 리더형 부모는 리더 역할에 더 잘 맞겠죠? 맞습니다. 그런데 여기에 함정이 있습니다.

태생적 리더 그리고 역할 리더의 함정과 강점

　리더형의 부모는 확고한 신념과 권위를 가지고 자녀를 잘 이끌어갑니다. 문제는, 아이가 부모의 신념을 언제까지나 당연하게 받아들이지 않는다는 점이에요. 아이의 자아가 자라면서 부모의 권위에 도전하고 싶어지고, 자신의 기준을 세우기 시작하죠. 이는 자연스러운 성장 과정입니다. 이때 리더형 부모는 어떤 반응을 보일까요?

리더형은 누군가를 리드할 수 있을 때 안정감을 느낍니다. 어떤 상황에 끌려가는 것은 겉으로는 수용하더라도 내면에서는 큰 갈등을 일으켜요. 이런 특징은 특히 자녀와의 관계에서 더 강하게 나타나기 쉽습니다. '내 아이니까, 내 기준대로 이끌어야 한다'는 생각이 무의식적으로 스며들 수 있거든요.

리더형의 부모는 이 지점에서 깨어있어야 합니다. 부모의 신념만으로 자녀를 잘 키우기엔 한계가 있습니다. 아이도 아이만의 기질이 있고, 자라면서 확립한 신념이 분명 있으니까요. 부모와는 다른 시대와 환경에서 자랐으니까요. 신념이 부모의 그것과 다를 수 있습니다.

그래서 리더형 부모에게 필요한 것은 리더십의 균형 감각입니다. 자신의 주도성을 자녀에게 일방적으로 적용하기보다, 아이의 발달 단계, 기질, 상황에 따라 리더십을 조절하는 것이 중요합니다. 가정은 성과를 목표로 하는 조직이 아니잖아요.

리더형은 책임감, 성실함, 독립성, 적극적 태도, 장기적인 안목, 목표 지향성이 다른 기질보다 두드러진 강점입니다. 이런 기질을 부모가 일상에서 자연스럽게 보여주는 삶의 태도만으로도 자녀에게 든든한 롤모델이 될 수 있습니다. 타고난 리더십을 가진 부모의 가장 좋은 양육은, 과도한 주도권 행사보다, 삶으로 먼저 보여주는 리더십일 것입니다.

3장

여러 기질이 모여 하모니를 이룬다

우리는 종종 '우리 아이가
오늘은 왜 이렇게 다르지?'라는 느낌을 받습니다.
그건 이상한 게 아니라 부모도 아이의 전체를
다 알 수 없기 때문이죠.
"내 아이는 내가 제일 잘 안다"는 말이
가장 위험한 오해일 수 있습니다.

어떤 한 장면만을 전체라고 여기는 우리의 오해일 뿐입니다.

아이가 상황에 따라 기질이 달라요, 이상한 걸까요?

우리는 흔히 한 사람의 성향을 말할 때 '기질'과 '성격'을 구분 없이 사용합니다. 하지만 이 둘은 구분해 사용해야 합니다. 기질은 '타고난 본성', 즉 환경이나 노력으로 쉽게 변하지 않는 부분이고, 성격은 그 기질 위에 삶의 경험이 쌓여 만들어지는 후천적 양식입니다. 나이, 환경, 경험, 의지에 따라 변화가 가능한 것도 성격이죠. 그래서 "사람은 절대 안 변한다"라는 말은 사실 성격이 아니라 기질을 가리키는 표현에 가깝습니다.

사람은 단순하지 않다

그런데 기질이나 성격은 단순하지 않습니다. 한가지로 명료하게 정의 내리기 어렵고, 따라서 한 사람을 한마디로 표현하는 것은 오해의 소지가 매우 많을 것입니다. 또한 사람은 평생 다양한 상황에서 인간관계를 맺고 살아갑니다. 이때에도 개인의 기질이나 성격은 환경에 따라 한 가지 이상으로 다양하게 표현됩니다. 그래서 같은 사람이라도 어떤 상황에서 어떻게 관계를 맺느냐에 따라 전혀 다른 성향을 느낄 수 있습니다.

1956~1984년에 뉴욕에서 알렉산더 토마스와 스텔라 체스가 진행한 종단 연구는 아이들의 기질을 '순한 아이, 까다로운 아이, 더딘 아이'로 분류했습니다. 아이들은 각각 40%, 10%, 15%로 나뉘었는데, 이 세 가지 유형에 해당하지 않는 아이들이 35%나 되었습니다. 오늘날처럼 환경이 복잡하고 개성이 다채로운 시대에는 기질이나 성격을 'A형이다, B형이다'라고 단정하는 것이 더 어려워졌습니다.

내 아이를 완벽하게 알 수 없다

지문 기반 기질 검사는 크게 3~5가지 기질 유형으로, 그것을 다시 세분화해서 11가지의 대표 유형으로 나눕니다.

하지만 사람의 지문은 양손 10개 손가락마다 모두 다르고, 손바닥에도 또 다른 성향을 말해주는 무늬가 존재합니다. 그만큼 한 인간의 내면과 외면은 우리의 상상보다 훨씬 복합적입니다.

이 때문에 우리는 종종 '우리 아이가 오늘은 왜 이렇게 다르지?'라는 느낌을 받습니다. 그건 이상한 게 아니라 부모도 아이의 전체를 다 알 수 없기 때문이죠. "내 아이는 내가 제일 잘 안다"는 말이 가장 위험한 오해일 수 있습니다.

집에서는 고집 센 자기중심형인데 학교에서는 배려왕으로 불리는 아이, 집에서는 조용한데 밖에서는 누구보다 활발한 아이처럼 어떤 모습이 진짜인지 헷갈린 순간이 있어요.

어떤 한 장면만을 전체라고 여기는 우리의 오해일 뿐입니다. 사람은 본질적으로 복합적이며, 유전적 기질 위에 환경, 경험, 관계, 그리고 사회적 동물로서 가질 수밖에 없는 역할 가면 등이 층층이 쌓여 하나의 인간을 이룹니다. 인간은 생각보다 복잡한 존재임을 인식해야죠.

앞에서는 엄지손가락 지문을 중심으로 대표적인 기질을 살펴보았는데요. 이제는 실제 사례를 통해 기질이 어떻게 혼합되고, 상황에 따라 어떻게 다르게 나타나는지 함께 살펴보려 합니다.

자, 이제 본격적으로 떠나볼까요?

사무집행자+감성낭만주의자 유형의 민준이

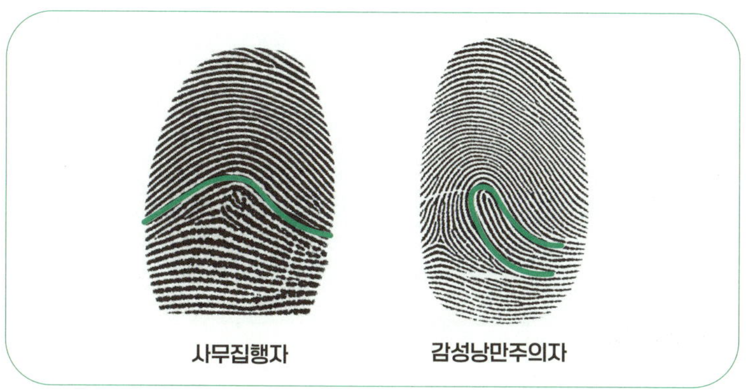

　사무집행자 유형은 안정형입니다. 안정형은 익숙한 대상과 환경을 좋아하고, 그 틀에서 벗어나면 심리적 불편을 크게 느낍니다. 그래서 생활 방식도 비교적 규칙적이며 사고 역시 고지식하다는 평가를 받습니다. 외적으로는 차분하고 순응적인 모습으로 보이기 때문에 부모는 종종 이런 칭찬을 듣습니다.

"어쩜 그렇게 얌전해요?"

"아이가 순둥이라 편하시겠어요."

반면 감성형은 예민하고 감정 기복이 큰 기질입니다. 감성이 풍부하고 분위기나 환경에 쉽게 영향을 받아 까다롭거나 변덕스러워 보일 때도 있죠. 감정이 상하면 잘 풀리지 않고, 정서적 피로가 쉽게 누적되기도 합니다. 하지만 자신의 정서에 맞는 분위기나 친한 관계에서는 매우 명랑하고 쾌활한 성향이 표출됩니다. 상황에 따라 분위기를 주도하는 분위기 메이커의 모습도 나타납니다. 낯가림이 심한 안정형과 달리 새로운 사람과의 관계 형성도 빠르고 친화력이 높은 편입니다. 그래서 감성형 자녀에게는 종종 이런 말이 따라붙습니다.

"아이가 참 밝고, 명랑하네요."

괜찮아요, 둘 다 민준이의 모습입니다

안정형과 감성형은 서로 반대되는 특징을 지니지만, 이 두 기질을 함께 가진 민준이(이하 아이의 이름은 모두 가명으로 표기했습니다)는 전체적으로 조용하고 얌전한 아이입니다. 엄마는 민준이가 조금 더 씩씩하고 적극적이길 바라지만, 민준이는 자기표현이 약하고 소심한 내향성의 아이로 혼자 있는 시간을 훨씬 편안해합니다.

이런 모습은 안정형의 기질 때문이기도 하지만, 남자아이가 감성형일 때에는 감성형의 본질적 모습과 반대의 모습이 나타나기도 합니다. 왜 그럴까요?

그것은 사회문화적 편견으로 그렇게 길러지는 환경의 영향이죠. 우리 사회에는 "남자는 씩씩해야 한다", "감정을 잘 드러내지 않는 것이 남자답다"와 같은 오래된 문화적 기준이 존재합니다. 이런 집단적 무의식 속에서 섬세함과 감수성이 풍부한 감성형 남자아이는 자신의 감정을 표현하기보다 감추며 살아가게 됩니다. 여기에 안정형의 특성까지 더해지니 민준이는 혼자 조용히 시간을 보내는 것이 더 편했던 것이죠.

하지만 타고난 본성이 없어지는 것은 아닙니다. 편한 대상, 안정된 분위기에서 민준이는 다시 밝고 쾌활한 모습이 나타납니다. 평소에 말수가 없는 얌전이로만 보면 놀랄 수도 있어요. 감성형은 굉장한 수다쟁이거든요. 유치원이나 학교 같은 공식적인 분위기에서는 안정형 기질로 인해 고지식하고 사무적이며 착실한 선비처럼 보이지만, 사적 공간에서 민준이는 완전히 다른 면모가 나오기도 한답니다. 감성형의 외향성과 자유로움이 나오기 때문이죠.

　이처럼 민준이는 두 가지 상반된 기질을 가지고 있어요. 따라서 대상이나 환경에 따라 전혀 다른 모습이 나타나기도 해서 부모는 헷갈릴 수 있죠. 어떤 사람은 민준이를 얌전한 아이로 기억하고, 어떤 사람은 밝고 쾌활한 성격이라고 말할 수 있어요. 사실 그 모든 것이 민준이랍니다. 기질이 상황에 따라 다르게 보이는 것은 이상한 일이 아니라, 오히려 자연스러운 일입니다.

　Part 1 기질편 | 내 멋대로 키우지 말고, 타고난 기질대로 키우자

개척적사고자+감성낭만주의자 유형의 수지

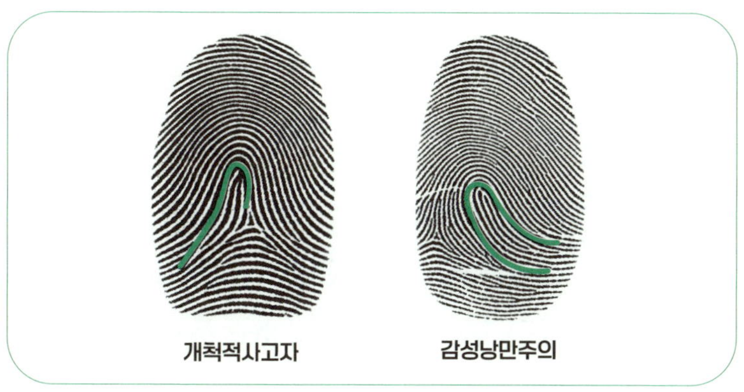

개척적사고자　　　　　감성낭만주의

수지 엄마는 직장인입니다. 직장에서 자주 듣는 말은 "까칠하다"는 것이었죠.

"왜 그렇게 까칠해요? 대강 넘어갈 순 없나요?"

이 말은 늘 스트레스였지만, 자신도 때로 편하게 넘어가고 싶었지만 잘 안되는 성격이라 생각했어요. 그러나 지문인적성 검사를 하고 나서야 자신이 왜 그런지 이해하게 되었다며 고개를 끄덕였습니다.

수지 엄마의 손가락에는 개척적사고자 유형의 지문이 두 개나 있었습니다. 개척적사고자 유형은 논리적이며 분석적인 기질입니다. 그 어떤 문제도 대충 넘어가는 법이 없습니다. 원인과 결과가 명확히 이해돼야 비로소 받아들이니, 이해될 때까지 자꾸 되묻게 되고, 그러니 상대는 불편해하고 까칠하다고 느끼는 것이죠.

창의와 감성을 두루 갖춘 수지

수지 엄마는 어린 수지가 자신을 닮은 것 같다며 기질 분석을 의뢰했어요. 평소에 수지는 말수가 없고 얌전했지만, 때때로 질문이 많은 아이였습니다. 이해가 될 때까지 물었죠. 공부할 때도 무조건 암기하는 것을 싫어했고, 이해해야 다음으로 넘어갔어요.

검사 결과 수지 역시 개척적사고자 유형이었습니다. 안정형이지만 사무집행자와 달리 개성이 강하고 호기심과 탐구심이 많은 기질입니다. 개척적사고자는 새로운 분야를 만들어내는 창의적 기획가 유형으로, 평소에는 조용하더라도 마음을 움직이는 일이 생기면 강한 열정과 추진력이 살아납니다.

여기에 수지는 감성형의 기질도 있었습니다. 두 기질 모두 창의성이 발달한 유형입니다. 적절한 교육 환경이 제공된다면 창의성이 필요한 분야에서 자신의 기질을 강점으로 발휘할 수 있습니다.

또, 논리가 발달 된 개척적사고자의 기질과 말하는 것, 가르치는 것을 잘하는 감성형 기질이 만났으니 논리정연하게 말하는 강연가, 연설가로 자랄 수 있는 기질입니다.

수지는 왜 친구를 소수만 깊게 사귈까?

수지 엄마는 수지가 다양한 친구를 사귀었으면 했습니다. 그런데 수지는 그렇지 않았습니다. 두세 명의 친구를 깊게 사귀는 편이었습니다.

왜 그럴까요? 이것도 기질과 관련이 있을까요? 네, 그렇습니다. 수지는 개척적사고자와 감성형의 기질을 가진 아이입니다. 안정형은 친구를 폭넓게 사귀는 편이 아닙니다. 한 번 관계를 맺어 친하게 되면 꾸준히 친밀한 사귐을 이어가죠. 그 관계에서 안정감을 찾게 되면 더 이상 새로운 관계를 원하지 않습니다. 새로운 변화는 안정형에게 스트레스이니까요.

안정형은 힘이 센 기질이에요. 그래서 관계 지향적인 감성형의 기질이 있어도 자꾸 소수의 편한 관계에 머무르려고 하죠. 활발하게 어울리다가도 집에 돌아오면 혼자 쉬고 싶은 욕구가 강해지는 것도 이 때문입니다.

이처럼 개척적사고자와 감성형이 함께 있는 수지는 상황에 따라 매우 다른 모습이 나타날 수 있습니다. 개척적사고자와 감성형이 만나 열정과 창의성이 풍부한 기획가가 되기도 하고, 때로는 조용한 모드와 때로는 시끌벅적한 모드를 오가며 자신만의 개성 있는 삶을 살아가는 유형이죠.

엄격한실행자+조정자 유형의 시현이

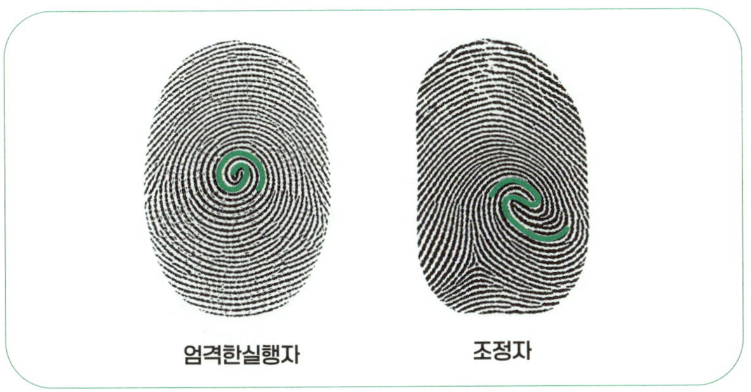

시현이는 집에서 자기주장이 강하고 고집이 있는 편입니다. 그런데 친구들 사이에서는 양보도 잘하고 온화한 아이예요. 이렇게 안팎이 다른 것도 기질 때문일까요?

집에서는 엄격한실행자, 밖에서는 평화주의자

두 기질이 함께 있는 경우, 겉으로 드러나는 성향은 상황이나 대상에 따라 달라집니다. 그렇다고 없는 기질이 나오는 것은 아니예요. 이미 가지고 있는 기질 중 어떤 것이 활성화되느냐의 차이일 뿐입니다.

시현이는 엄격한실행자 유형과 조정자 유형을 함께 가진 아이입니다. 엄격한실행자 유형은 리더형으로 분류됩니다. 리더형은 스스로 판단하고 결정하길 원합니다. 책임감이 강하고 목표 의식이 뚜렷하죠. 이런 기질 때문에 타인이 자신에게 권위적이면 거부감을 느낍니다. 부모가 '이래라저래라' 하면 마음속에서 반발이 생기는 이유죠. 그래서 부모는 시현이가 고집이 세고 자기주장이 강하다고 느낄 수 있습니다.

또 엄격한실행자는 자기 자신에게도 엄격합니다. 원칙을 세우면 끝까지 지키려 하고, 도덕적 기준과 의리가 강한 유형입니다.

반면 조정자 유형은 일명 평화주의자입니다. 관계 지향적 기질로 갈등과 충돌을 극도로 꺼립니다. 웬만하면 수용하고 양보하며 상대의 입장을 먼저 고려하죠. 그래서 대인관계에서는 상대를 편안하게 해 주는 따뜻한 스타일로 보이며 친구도 많습니다.

 이런 두 가지 기질이 혼재되었을 경우, 상대적으로 자기중심적인 면은 가족 안에서 더 두드러지고, 부드럽고 조정적인 기질은 학교나 사회적 관계에서 더 많이 사용됩니다. 집은 가장 편안한 공간이기 때문이죠. 물론 꼭 그런 것은 아닙니다. 사람마다 조금씩 차이는 있기 마련이죠.

상호보완되는 두 기질

 시현은 조정자 성향으로 친구들 사이에서 포용력 있고 관계가 넓습니다. 하지만 엄격한실행자 유형도 있기 때문에 결코 마냥 수용적이지는 않습니다. 대부분 상황을 부드럽게 풀어가지만, 자신의 기준에 어긋난다고 느끼는 순간에는 엄격한실행자 기질이 나오게 됩니다. 따라서 주위에서 "착하고 친근하다"라는 평을 듣지만, 동시에 "자기 고집이 분명하다"는 소리도 함께 듣는 이유입니다.

 시현이가 가지고 있는 두 유형은 내향성입니다. 내향성이란 에너지의 흐름이 안으로 향해있죠. 에너지가 안쪽으로 향해 있어 내면 사고가 많고, 겉으로 표현하는 데에는 시간이 걸립니다. 그래서 전체적인 분위기는 조용하고 묵직한 느낌을 줍니다. 속마음을 잘 드러내지 않다 보니, 부모는 때로 아이의 속을 알 수 없어 답답함을 느끼기도 합니다.

부모는 이런 시현이에게 적절한 질문으로 자신의 생각을 드러내도록 유도할 필요가 있습니다. 아무리 훌륭한 생각과 리더십이 있어도 표출되지 못하는 것은 아까운 것이니까요.

또 조정자 유형은 호기심이 많아 다양한 정보를 탐색합니다. 아마 시현이가 조정자 유형만 있다면 정보 탐색 수준에서 그쳤을지도 모릅니다. 그러나 그 다양한 정보를 이용하여 자신의 분야로 만드는 끈기와 실행력은 엄격한실행자 기질 덕분입니다.

이렇게 서로 다른 두 기질은 상호보완되어 멋진 시현이로 살아가게 도와줍니다. 이렇게 타고난 기질대로 살아가는 것이 가장 자유로운 삶이요, 자연스러운 행복이죠.

창의형+이상주의자+엄격한실행자 유형의 지안이

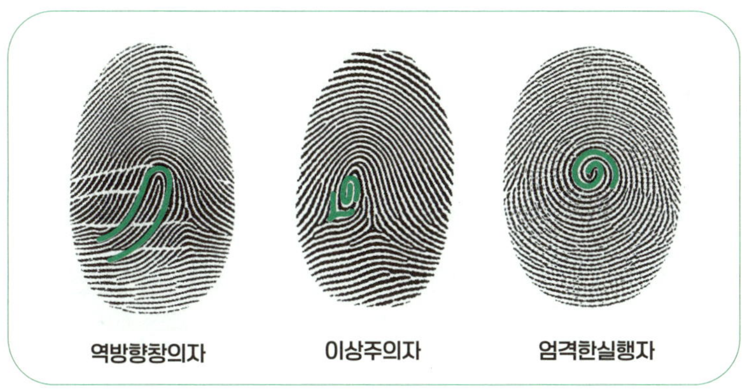

　지문인적성 검사의 유형은 영국의 헨리 법칙에 따라 3대, 5대, 11대 유형으로 구분합니다. 보통 좌우 엄지와 검지를 중심으로 대표 기질을 분석하는데, 한 사람에게 1가지에서 많게는 4가지까지 복합적으로 나타납니다.

멀티플레이어 지안이

지안이처럼 3~4가지 기질이 동시에 나타나는 경우는 단일 기질보다 훨씬 다채롭고 복합적입니다. 또 자신 안의 다양한 면을 경험하기에 타인을 이해하는 폭도 넓은 편이지요.

지안이는 역방향 창의자, 리더형에 속하는 이상주의자, 그리고 엄격한실행자 기질을 함께 가진 아이입니다. 이 3가지 기질은 지안이로 하여금 어떤 하모니를 연주하게 할까요?

지안이는 감성형 기반의 역방향 창의형, 리더형에 속하는 이상주의자와 엄격한실행자 기질을 가진 아이입니다. 크게는 창의형과 리더형인데요. 사실 역방향 창의형도 자신만의 생각과 관점이 독특해서 리더형만큼 자기주장과 고집스러움이 존재합니다. 따라서 지안이에게 종합적으로 나타나는 기질은 자기주장성, 독립성 그리고 독특한 개성입니다.

자기주도적이며 이상이 높은 창의적 예술가

먼저 역방향 창의자로 태어난 지안이는 과연 어떤 분야에서 그 독특한 반전의 창의성을 발휘할까요? 여기에 지안이는 이상주의자 기질을 가지고 있죠. 이상주의자 유형은 리더형 중에서도 덜 권위적인 부드러운 리더형으로, 이상이 높고 예술성이 발달 된 기질입니다. 어떤 일을 하더라도 미적, 예술적 감각이 탁월하고 그 기준이 높아서 완벽함을 추구합니다.

이 두 기질이 합쳐지면 지안이는 자신만의 세계를 가진 창의적 예술가로 자랄 수 있습니다. 단, 이 재능을 펼칠 수 있는 환경이 마련되는 것은 매우 중요합니다.

여기에 엄격한실행자 유형도 가지고 있는 지안이는 자신의 원칙에 따라 성실히 목표를 향해 일관되게 나가는 성향입니다. 이처럼 높은 이상과 예술적 감각, 독창성과 성실성은 지안이가 가진 기질의 강점입니다. 이것을 어떻게 살리느냐는 부모와 양육환경에 달려있어요. 기질은 좋은 기질, 나쁜 기질이 있는 것이 아닙니다. 다만 타고난 기질과 어떤 환경이 만나느냐에 따라 건강하게 발휘되기도 하고 그 반대의 경우도 존재합니다.

이상주의자는 자신의 이상이 실현 가능하다고 여길 때는 강력한 추진력을 보입니다. 그러나 이상에 미치기 어렵다고 판단되는 순간엔 쉽게 도전을 멈춰버리기도 합니다. 그래서 지안이에게는 결과보다 과정의 가치를 일찍부터 알려주는 것이 중요합니다. 높은 기준이 장점이 되기도 하지만, 때로는 스스로를 멈추게 하는 약점이 되기도 하니까요.

이상주의자나 엄격한실행자 유형은 서로 다른 특질의 리더자입니다. 부드러움과 단단함, 외향성과 내향성을 함께 가지고 있다고 볼 수 있죠. 그리고 지안이는 감성형 범주에 들어가는 역방향 창의자 성향이 있으므로 감수성이 풍성한 리더 기질이 나타나기도 합니다. 자신의 단단한 고집과 권위를 나타내는 리더자이지만 때로 뒤돌아서면 여린 마음으로 촉촉해지는 감성이 있다는 거죠.

공부를 하든 다른 일을 하든 지안이의 기준은 일반적이지 않습니다. 높은 성취를 원하죠. 그리고 그것을 진행하는 방법 역시 남들 하는 대로 따라하기보다 자신의 방법을 고집합니다. 역방향 창의자답게요.

그래서 부모나 교사가 일방적으로 "이렇게 해라"라고 할 때는 잘 움직이지 않습니다. 지켜봐 주고 인정해주며, 스스로 목표를 세우고 실천하는 모습을 격려해 주세요. 믿음직스러운 엄격한실행자이니까요.

완벽주의자+협조자+감성낭만주의자 +창의자 유형의 민수

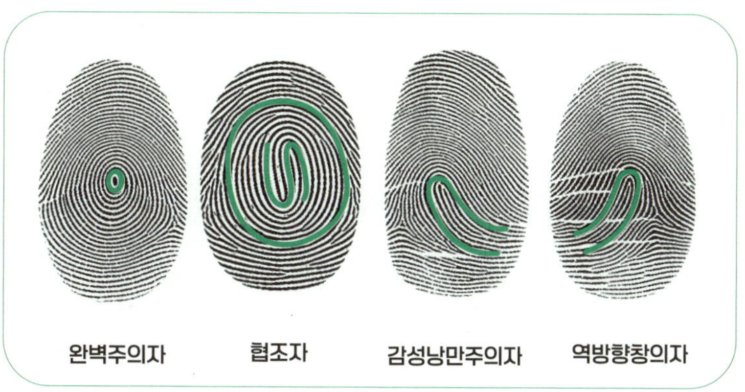

사람의 성격은 타고난 기질과 후천적 환경이 복합적으로 작용하며 형성됩니다. 일란성 쌍둥이라도 외모가 비슷할 수는 있어도 그 내적 성향이 똑같을 수는 없습니다. 지문인적성 검사에서 동일한 기질로 분류된 경우라도 각 지문의 정밀 분석값은 모두 다르며, 살아온 환경에 따라 성격은 조금씩 다른 모습을 떱니다. 결국 한 사람은 유전인자와 환경인자가 조합된, 이 세상에 둘도 없는 유니크한 모습으로 살아가는 존재가 됩니다.

타고난 기질에 영향을 미치는 출생 순위

오스트리아 출신의 정신과 의사 알프레드 아들러(Alfred Adler)는 출생 순위가 성격 형성에 영향을 미친다고 보았습니다.

첫째는 사랑을 독점하다 동생이 태어나면 박탈감을 경험하고, 둘째는 앞서가는 형제를 보며 압박감을 느끼며 경쟁심을 갖게 된다고 합니다. 중간 아이는 위·아래 형제의 압박감과 동시에 자기 존재감에 대해 무력감을 느끼며 가족 내에서 평화유지자의 역할을 하게 되고, 막내는 가족의 관심과 보호 속에서 응석받이로 자라기 쉽다고 분석합니다.

요즘에 많은 외동아이는 어른들 사이에서 자라기 때문에 성취 동기가 높아지고, 관심을 독차지하는 데 익숙하고, 협력이나 분배가 어렵게 느끼기 쉽다고 아들러는 말합니다.

이처럼 타고난 기질과 더불어 성장 배경, 부모 형제와의 관계, 다양한 직간접 경험 등은 한 사람의 사고나 감정, 행동에 영향을 미치는 중요한 요소입니다.

민수는 외동아이입니다. 사회적으로 성공한 부모는 민수에 대한 기대가 큽니다. 민수는 지문인적성 검사에서 4가지 기질이 복합적으로 나타난 아이입니다.

다양성의 융합이 독특한 개성으로 나간다

민수의 4가지 다른 기질 중 완벽주의자와 협조자는 리더형입니다. 완벽주의자는 자신의 신념이 뚜렷하고 승부욕과 야망이 큰 기질입니다. 이처럼 완벽주의자가 갖는 자기중심적 특질, 주위로부터 인정받고 박수받기를 원하는 기질은 외동아이의 특징과 만나 더 강화될 가능성이 있죠. 스스로 통제하길 원하는 리더형에 경쟁자 없이 혼자 자라기 때문에 부모나 외부의 통제에 대해서는 스트레스를 받게 되는 타입이죠.

그런 민수에게는 협조자 기질도 있습니다. 협조자는 리더형이지만 부드럽고 이타적인 마음이 강하며, 예의와 체면을 중시합니다. 부탁을 잘 거절하지 못하는 기질이라서 자신보다 남일에 에너지 투입이 큽니다.

그래서 민수는 민수는 자신의 야망도 크지만, 자발적으로 타인의 일에 앞장서며 물질보다 숭고한 가치에 헌신하는 기질입니다.

이런 특질에 더하여 역방향 창의자 유형인 민수는 어떤 일을 하더라도 자기만의 독창성을 추구하고 관찰력과 호기심이 남다른 아이디어 맨입니다. 관계를 중요하게 여기는 감성형과 협조자답게 다양한 사람과 폭넓게 관계를 맺으며 활발한 활동을 하게 되는데, 직선적이고 충동적인 감성형의 성향 때문에 때로 감정이 폭발되기도 하죠.

민수는 외향성과 내향성을 동시에 가지고 있습니다. 사회적 관계나 분위기에 따라 이 두 성향이 왔다갔다 사용됩니다. 민수가 4가지 기질을 가졌지만 이 4가지 기질이 동등하게 드러나지는 않습니다. 혹시 민수가 완벽주의자 리더 성향을 더 많이 사용한다면 사회적으로 성공한 부모의 성취욕구가 자극이 되어 그 부분이 더 개발된 것이죠.

민수에게서 완벽주의자·협조자 기질은 주로 태도와 행동으로, 창의자 기질은 사고방식으로, 감성형 기질은 감정의 변화로 드러납니다. 부모는 민수의 이런 다양성을 인지하고 수용할 필요가 있습니다. 민수 역시 성장하며 자신의 다채로움을 단점이 아닌 장점으로 바라보고 자신을 잘 사용해야겠죠.

　민수의 다양성은 타인을 좀 더 잘 이해하는 도구입니다. 또 그 다양함이 융합되어 세상에서 유일무이한 개성 있는 민수로 성장할 수 있어요.

4장

부모와 자녀 관계, 기질 유형에 따라 달라진다

부모 자녀는 이렇게 서로 떼려야 뗄 수 없는
밀접한 상호작용이 일어나는 관계입니다.
그러므로 서로를 제대로 알고 이해할 필요가 있습니다.
이것의 출발은 아이가 아니라 바로 부모 자신입니다.

부모와 자녀의 관계도 대인관계의 하나입니다. 따라서 서로의 성향에 따라 더 잘 맞는 관계가 있고 반대의 경우도 생깁니다. 여기에서 주목할 점은 부모 자녀 관계는 다른 사회적 관계와 달리 맞든 안 맞든 평생 유지해야 하는 관계라는 점입니다. 그만큼 그 어떤 인간관계보다 더 많은 상처를 주고받는 관계가 될 수도 있다는 사실을 인지할 필요가 있습니다.

부모는 기본적으로 자녀를 '이끌어야 하는 존재'라고 여기기 때문에, 자녀를 대등한 인격체보다 미숙한 존재로 바라보기 쉽습니다. 반면 아이에게 부모는 삶의 모든 기반과도 같죠. 태어날 때부터 일정 시기까지는 부모의 도움과 보호 안에서 의존적으로 살아가는 존재입니다.

양쪽의 이런 입장으로 인해 자칫 건강하지 못한 부모 자녀 관계가 형성되기도 합니다. 그러나 반대로 누구보다 서로를 존중하고 좋은 관계를 형성하고 유지할 수 있다면 이보다 더 깊고 의미 있는 관계는 없을 겁니다.

부모 자녀는 이렇게 서로 떼려야 뗄 수 없는 밀접한 상호작용이 일어나는 관계입니다. 그러므로 서로를 제대로 알고 이해할 필요가 있습니다. 이것의 출발은 아이가 아니라 바로 부모 자신입니다.

앞에서 기질의 5대 유형을 설명했습니다. 이것을 바탕으로 부모 자신과 자녀의 기질을 어느 정도는 파악하셨으리라 생각합니다. 그럼 이제 부모와 자녀의 관계적 측면에서 서로 다른 기질이 어떻게 작용 되는지 알아보겠습니다.

안정형 부모는 감성낭만형 자녀를 불안하게 여긴다

안정형 부모와 감성낭만형 자녀의 만남

안정형의 부모는 한마디로 보수적인 부모입니다. 부모라는 역할은 자녀를 지도하고 훈육하는 입장이므로, 어느 기질이든 보수적인 태도가 강합니다. 그런데 안정형의 기질까지 가지고 있으니 더욱 보수적일 수밖에 없습니다. 그러니 자녀 양육도 자신의 정해진 매뉴얼 안에서 체계적이고 안전한 양육 방식을 선호합니다.

반면 감성낭만형 자녀는 어떨까요?

감성형은 감수성이 풍부하고 창의적이며, 감정 변화가 잦아

때로는 충동적입니다. 상황과 분위기의 영향을 많이 받아 행동이 다채롭게 나타나죠.

이런 성향은 안정형 부모에게 불안 요소로 감지되기 쉽습니다. 왜냐하면 감성형 아이는 안정형 부모의 틀을 벗어나 움직이려 하고, 부모는 그 모습을 '위험'이나 '불안정성'으로 해석하기 때문입니다.

두 기질은 성향 자체가 매우 다릅니다.

* **안정형 부모:** 내향적, 조용함 선호, 익숙함 추구
* **감성형 자녀:** 외향성·관계성 강함, 감정 표현 활발, 자유로운 환경 선호

이런 조합은 자연스럽게 갈등을 만들 수밖에 없습니다. 부모는 아이의 예측 불가능한 감정 흐름을 이해하기 어렵고, 아이는 부모의 고지식함과 경직된 방식이 답답하게 느껴지죠. 특히 안정형 부모가 자신의 틀로 아이를 지나치게 맞추려 한다면, 감성형 아이의 기질은 본래의 모습대로 발달하지 못하고 변형될 수도 있습니다.

감성낭만형 기질에 맞춤 양육

감성형 기질은 주위 사람과 분위기의 영향을 많이 받고 모방 능력도 뛰어납니다. 태어나서 안정형의 부모를 만나면 자신의 자유분방한 감성적 기질을 나타내기보다 안정형의 부모를 더 닮아갈 수 있습니다. 외향성이 감춰지고 내향적인 면을 더 발달시키게 되는 거죠.

지문인적성 검사 결과에서 감성형의 기질이 나왔는데 스스로는 안정형이라 믿고 살았던 사람을 종종 만나게 됩니다. 부모의 양육 방식과 환경으로 인해 자신의 기질이 숨겨진 것이죠. 하지만 타고난 기질이 어디로 사라지는 것은 아녜요. 단지 드러나지 않았을 뿐입니다.

따라서 안정형의 부모는 자신의 기질을 이해할 필요가 있습니다. 그리고 감성형 자녀의 풍부한 감성과 자유로움을 있는 그대로 받아들이는 태도가 중요합니다.

안정형의 틀 안에서는 창의성이 충분히 자라기 어렵습니다. 감성낭만형의 자유로운 사고와 감정 흐름을 허용해야 아이의 강점이 건강하게 발달할 수 있습니다.

또한 조용하고 말수가 적은 안정형 부모는, 대화를 좋아하

고 애정 표현과 지속적인 관심을 필요로 하는 감성형 자녀에
게 엄숙함보다 부드러움과 따뜻한 소통으로 다가가는 것이
좋습니다.

안정형 부모는 감성낭만형의 자녀에게 불안감을 느끼며 잦
은 간섭을 할 수 있습니다. 자신의 안정된 틀에서 자꾸만 벗어
나려 하기 때문이죠. 그러나 이것은 자녀의 문제가 아니라 부
모의 성향으로 인한 것입니다. 감성형 아이의 본래 기질을 이
해한다면, 아이에게 필요한 것은 통제가 아니라 지속적인 관
심, 대화, 정서적 지지임을 알게 될 것입니다.

     Part 1 기질편 | 내 멋대로 키우지 말고, 타고난 기질대로 키우자

리더형 부모와 리더형 자녀의 줄다리기는 팽팽하다

부모와 자녀의 관계를 위치로 본다면 당연히 부모가 우위에 서게 마련입니다. 양육에서 부모의 권위도 때로 필요하죠. 그러나 그 권위는 억지나 강요가 아닌 상호 존중과 배려를 바탕으로 자연스럽게 인정받는 것이어야 합니다. 그래야 건강한 부모 자녀 관계로 나아갈 수 있습니다. 이런 관계 형성이 그 어떤 기질보다 필요한 경우가 바로 리더형 자녀입니다.

회사 CEO 같은 리더형 부모

리더형은 자기주관이 분명하고 독립적이며, 남의 의견에 쉽게 흔들리지 않습니다. 감정보다 이성을 우선하고, 스스로 판단하고 결정하는 데 익숙하죠. 그래서 많은 지도자나 CEO에게서 이 리더형의 성향을 발견할 수 있습니다.

그렇다면 이런 리더형 부모가 자녀를 키우면 어떨까요?

자신의 타고난 기질대로 잘 해낼 수 있을까요? 물론 이런 리더 기질은 부모 역할에 긍정적인 면이 많습니다. 적극적이고 도전적으로 자녀를 리드하고, 단호한 결정력과 책임감으로 맺고 끊음이 분명하게 자녀를 이끌어 갈 수도 있고요. 또, 리더형의 부모는 아주 자연스럽게 자녀에게 지시하고, 따르도록 합니다.

안정형 자녀라면 이런 방식이 오히려 편안할 수도 있습니다. 확고하게 이끌어주니까요. 하지만 리더형의 자녀라면 얘기는 좀 달라집니다.

주도권을 가질 수 없을 때 나타나는 역압

리더형 자녀는 어릴 때부터 스스로 생각하고 판단하고 결정하려 합니다. 그래서 부모의 명령이나 지시가 반복되면 겉으로는 순응해도 내면에서는 강한 거부감을 느낍니다. 단지 그것을 적당히 표현하는 법을 아직 모를 뿐입니다. 따라서 이런 아이가 부모에게는 자기 마음대로 하려는 고집 센 아이로 느껴지는 거죠. 리더형 부모는 대체로 이런 고집을 꺾으려고 더 강하게 나가기도 합니다.

모든 기질은 부모의 DNA로, 유아시기부터 그 특성이 분명히 나타납니다. 리더형의 부모와 자녀는 본능적으로 서로를 리드하고자 합니다. 마치 팽팽한 줄다리기를 하는 청팀과 백팀처럼요. 그럼 이 둘의 관계는 어떻게 평화를 만들 수 있을까요?

부모는 자녀보다 우위에 있는 어른이고, 게다가 리더형 부모라면, 리더형 자녀는 어쩔 도리 없이 순종하게 되죠. 그러나 자녀는 심리적으로는 억압을 느낄 수밖에 없음을 알아야 합니다. 이 심리적인 억압이 지속되어 정신 건강에 문제가 생기는 아이들이 많습니다. 타고난 기질이 건강하지 못한 방향으로 흐를 때 나타나는 현상입니다.

부모의 어린 시절을 돌이켜 보는 지혜

지문인적성 검사를 통해 만난 선호네 가정은 엄마, 아빠, 선호까지 모두 리더형 기질이었습니다. 아이는 최근 틱 증상이 생겼고, 부모는 이유를 몰라 답답해했죠. 초등 고학년인 선호는 틱 증상 때문에 스트레스를 받지 않도록 학원도 끊고 자유롭게 놔두고 있다고 했습니다.

상담을 받은 후에 선호 엄마는 선호가 리더형 기질을 타고났고, 그것이 무엇을 뜻하는지 이해했습니다. 틱 증상의 원인 제공이 자신일 수도 있다는 사실을 알게 되었고, 리더형 양육 방식이 아이에게 압박이 되었을 수 있다는 점을 깨달았습니다.

사실 사람이 바뀌는 것은 쉬운 문제가 아닙니다. 그러나 자신을 아는 것과 모르는 것은 차이가 크며, 이런 이해는 문제해결의 시작이 됩니다. 자녀가 리더형이라면 부모는 자신의 기질을 적당히 양보하는 지혜가 필요합니다. 아이일지라도 자존심을 지켜주는 부모의 배려가 필요하죠.

리더형 부모라면 자신의 어린 시절을 한 번 돌아보세요. 그 시절의 마음을 떠올릴 때, 지금의 자녀가 왜 그렇게 행동하는지 한 걸음 더 이해할 수 있습니다. 언제 기분이 좋았고, 어떤 순간에 어른들의 말이 불편했나요? 지금도 크게 다르지 않을 겁니다. 리더형은 타인의 권위적 태도에 예민하게 반응하니까요.

리더형의 부모라면 먼저 팽팽한 줄다리기 싸움을 멈추어보세요. 그리고 독립적이고 주도적인 리더형 자녀에게 권한을 슬

　　　　　Part 1 기질편 | 내 멋대로 키우지 말고, 타고난 기질대로 키우자

쩍 넘겨보세요. 분명 부모가 믿어주는 만큼, 인정해 주는 만큼 성장할 겁니다. 그리고 어느 순간 부모의 리더십을 이해하고 마음 깊이 존경하게 됩니다.

조정형 부모는
창의형 자녀의 조력자가 된다

타고난 기질은 모든 인간관계의 기본적인 에너지로 작용합니다. 관계가 좋으면 좋은 대로, 나쁘면 나쁜 대로 그 기저에는 각 사람의 성향이 존재합니다. 부모 자녀도 마찬가지죠. 왠지 편안하고 나와 잘 맞는 자식이 있는가 하면, 울퉁불퉁 자꾸 갈등이 일어나는 자식도 있습니다. 이럴 때면 같은 뱃속에서 나왔는데 왜 이리 다른지 의아함이 생기죠. 타고난 기질과 환경의 차이로 벌어지는 자연스런 현상입니다.

앞에서 각 기질의 특성을 보았는데 여기서 관계의 특성을 살피는 것은, 기질 간에도 궁합이 있고 그 궁합을 알면 관계가 훨씬 이해되기 때문이죠. 나를 알고 자녀를 살피면 얼마든지 건강한 관계 형성이 가능합니다. 부모 자녀는 평생 이어지는 관

　　Part 1 기질편 | 내 멋대로 키우지 말고, 타고난 기질대로 키우자

계이니, 이보다 중요한 게 있을까요?

포용력이 큰 부모와 돌발적인 자녀

조정형 부모는 내향적이고 관찰자의 성향이며, 생각이 많은 사고자입니다. 감정 조절을 잘하고 자신의 의견을 직접 내세우지 않습니다. 무엇보다 갈등을 극도로 불편해하여 회피하려는 경향이 있습니다. 이런 기질은 '자녀에 대한 수용력'이라는 좋은 성질로 드러나게 됩니다. 그러나 이것은 다시 조정형 부모의 스트레스가 되죠.

이런 부모와 함께하는 역방향 창의형(이하 창의형) 자녀는 어떨까요? 창의형 자녀는 도전적인 성향입니다. 매사에 질문과 의문이 많죠. 일상을 평범하게 바라보는 것을 거부합니다. 시선이 독창적이죠. 이런 독특한 개성 때문에 가끔 이상한 아이 취급을 받을 수 있어요. 하지만 이 특징이 창의형 자녀의 강점이요, 개성이죠.

이 창의형의 개성을 가장 잘 받아주는 기질이 조정형 부모입니다. 조정형 부모는 포용력이 좋습니다. 갈등보다 조정과 화합을 중요시하기 때문에 자녀와도 충돌보다 화합에 에너지를 더 사용하죠. 그래서 창의형 자녀의 독창성을 이상하게 여기거나 거부하지 않고 받아주는 부모가 됩니다. 그래서 창의형 자녀는 조정형 기질의 부모와는 쉽게 핑크빛 관계를 맺을 수 있어요. 만약 창의형 자녀와 리더형 부모가 만났다면 기질적 충돌을 피하기가 쉽지 않겠지만요.

경계 설정이 필요한 조정자 부모

그러나 자녀 양육에 있어 무조건적 수용은 때로 아이를 망가뜨리게 됩니다. 적절한 선과 균형이 필요하죠. 자녀의 개성을 존중하는 것은 매우 중요하지만, 자녀에게 유익이 되는 선이 어디까지인지 그 경계 설정이 반드시 필요합니다. 조정형 부모의 넓은 수용력이 자칫 이 경계를 놓치는 경우가 생길 수 있음을 인식하고 있어야 합니다.

또한 창의형 자녀는 자신의 독특함이 장점이라는 것을 알 필요가 있어요. 이것은 부모가 어떻게 아이의 특성을 설명하느냐에 따라 많이 달라집니다.

또, 창의형은 독창적인 아이디어를 체계적으로 구조화시키고 실행하도록 안내해주는 멘토가 필요합니다. 조정형 부모는 이것을 잘 해낼 수 있는 성향을 가지고 있어요. 부모로서 자신의 이런 기질을 자녀에게 효율적으로 사용한다면 창의형 자녀는 자신감을 가지고 자기만의 개성을 한껏 발휘하며 멋진 삶을 살아가게 될 겁니다.

　부모와 자녀의 기질은 이처럼 다양하게 영향을 주고받으며 서로를 성장시키거나, 반대로 서로의 성장을 방해하기도 합니다.

　그렇다면 서로의 건강한 성장을 위해 무엇이 필요할까요? 먼저 부모는 자신의 기질을 이해하는 것, 그다음 자녀의 기질을 이해하고, 인정하며, 존중해주는 태도입니다. 그렇게 서로의 다름을 이해하고 행동할 때, 평생 이어질 관계 속에서 더 큰 조화와 행복이 피어납니다.

알면
성장 방향이
기준이
보이고

Part 2

적성편

내 맘대로 투자하지 말고
아이의 적성에 투자하자

5장

AI 시대 경쟁력은
적성 교육에서 출발한다

아이들은 타고난 기질,
자신만의 고유한 성향이 존재합니다.
그 기질은 부모로부터 이해받고 존중받아 마땅합니다.
그래야 자기만의 타고난 기질을
삶의 강점으로 사용할 수 있습니다.

AI와 공존하는 세상에서 유일무이한 경쟁력

우리가 살아가는 현대사회는 디지털 혁명의 시대로, 인공지능을 적극적으로 활용하며 함께 살아가는 사회입니다. 2013년에 개봉한 영화 〈Her〉는 미래를 다룬 SF·멜로 영화입니다. AI 기술의 발달로 스스로 생각하고 느끼며 대화가 가능한 인공지능 운영체제인 '사만다'와 사랑에 빠진 한 남자의 이야기였는데요. 개봉 당시는 미래 어느 날 일어날 수도 있는 상상의 이야기였으나, 이 영화는 현재 우리가 살아가는 오늘의 이야기가 되었죠.

AI와 공존은 이제 미래의 일이 아니다

　현대사회는 현실과 가상 세계가 점점 모호하고, 인간과 기계의 상호의존성은 점점 깊어지고 있습니다. 2022년 오픈에이아이(OpenAI)가 챗지피티(ChatGPT)를 출시하면서 이러한 변화는 가속화되었죠. 기존에도 대화형 AI가 있었지만 사람 말을 제대로 이해하지 못하는 경우가 많았습니다. 그러나 챗지피티는 달랐습니다.

　대량의 언어 데이터를 학습한 챗지피티는 말의 맥락을 파악하고, 대화의 흐름을 기억하며, 사람과 자연스러운 대화를 주고받는 능력을 보여주었습니다. 창작 영역은 물론 코딩, 법률, 의학 등 전문 영역까지 넘나들며 거의 모든 분야를 다루는 모습은 많은 이들에게 충격이었죠.

　이런 인공지능은 우리의 일상을 빠르게 파고들고 있습니다. 이미 여러 직업군이 AI에 의해 대체되었고, 또 다른 직업들은 보조 도구로 AI를 적극 활용하고 있습니다. 직업 생태계가 근본적으로 바뀌고 있는 상황입니다.

새 교육 패러다임, 역량교육은 어디로 가야 하는가

이제 인간은 어디에서 AI와 차별성을 가질 수 있을까요?

과거처럼 지식을 많이 아는 것만으로는 경쟁력이 될 수 없습니다. 지식과 정보는 이미 AI가 인간보다 훨씬 빠르고 정확하게 처리하기 때문이죠. 앞으로 필요한 것은 AI를 잘 활용하는 능력, 그리고 지식을 실제 삶의 문제 해결에 연결하는 역량입니다.

우리나라 공교육에서도 '지식 암기' 중심에서 '역량 교육'으로 패러다임이 바뀌고 있습니다. 역량이란, '지식을 활용해 실제 문제를 해결할 수 있는 능력'을 말합니다. 디지털 시대의 공부는 더 이상 '지식을 채우는 공부'가 아니라 '지식을 활용하는 공부', '도구를 활용해 문제를 해결하는 공부'로 전환되고 있습니다.

그러면 이 새로운 패러다임 안에 놓인 디지털 시대의 역량 공부는 어디에 어떻게 사용할까요? 많은 분야가 AI 시스템으로 대체되고 있는 상황에서 대체 어떤 분야가 미래의 경쟁력 있는 분야인지 예측할 수 있을까요? 과거 성공방정식이었던 학벌 패러다임이 파괴된 이 시점에서 우리 아이들은 왜 공부를 해야 하며 어떤 방향성을 가져야 할까요?

우선순위는 진로·적성교육

2022 개정교육에서 우리나라 고등학교는 이전과 다른 새로운 전환점을 맞이했습니다. 고등학교 1학년부터 적용되는 '고교학점제'가 바로 그것입니다. 고교학점제는 '학생들의 진로에 따라 과목을 선택하고 이수하여, 누적 학점이 기준에 도달하면 졸업이 인정되는 제도'입니다. 이는 학생들이 스스로 진로를 설계하고 흥미와 적성에 따라 과목을 선택하도록 하는 제도로, 학생 중심 그리고 개인맞춤형으로 진행되는 시스템입니다.

이 제도에서 가장 중요한 것은 '진로'입니다. 자신의 진로가 명확해야 그에 맞는 과목을 선택할 수 있는 거죠. 그럼 진로를 결정 하기 위해 가장 먼저 필요한 게 무엇일까요? 바로 자신의 '적성'을 이해하는 것입니다.

고교학점제는 '적성을 찾고 개발하기 위한 교육 제도'입니다. 왜 지금 적성 교육이 중요해졌을까요? AI와 공존하는 사회에서 인간 고유의 독창성은 차별성이고, 이것은 개개인이 가진 고유의 적성에서 나오기 때문입니다. 인간은 자신의 내부에 있는 자기 것을 할 때 흥미와 즐거움을 느끼고, 그 즐거움이 더 잘하기 위한 지속적인 노력으로 연결되고, 그 안에서 자기만의 독창성이 나오기 때문입니다.

   Part 2 적성편 | 내 맘대로 투자하지 말고 아이의 적성에 투자하자

지금 여기에서 우리 아이들에게 진정 중요한 것이 무엇인지 부모는 스스로 질문이 필요합니다. AI가 잘하는 것 말고 우리 아이만 잘할 수 있는 그것을 찾아야 합니다. 그것이 바로 자신을 이해하고 찾아가는 '적성 교육'이며 AI와 함께 미래를 살아갈 아이들에게 가장 절실한 교육입니다.

아이의 행복 지수는 적성 교육에서 나온다

우리나라 공교육은 오래전부터 적성 교육의 중요성을 말해 왔지만, 실제 학교 현장은 여전히 지식 중심 교육에 머물러 왔습니다. 그래서 대부분의 학생은 학창 시절에 자신의 적성을 충분히 이해하지 못한 채 사회로 나가고, 성인이 된 후에야 '이 직업이 나와 맞지 않는 것 같다'는 고민에 빠지곤 합니다. 이는 일을 열심히 하면서도 행복감을 가질 수 없다는 말과 같습니다.

적성과 상관없는 맹목적인 공부

적성이 무엇인가요? 어떤 일을 하는데 알맞은 성질, 소질, 능

   Part 2 적성편 | 내 맘대로 투자하지 말고 아이의 적성에 투자하자

력을 말합니다. 그렇다면 교육에서 가장 우선되어야 할 일은 '자신의 적성을 아는 것'입니다. 그래야 진로를 정할 수 있고, 공부의 방향과 전략도 세울 수 있으니까요.

그런데 우리 아이들의 현실은 어떤가요? 여전히 자기를 이해하는 적성 교육은 뒷전이거나 형식에 머물러 있고, 국·영·수 중심의 지식 습득 공부에 몰려 있습니다. 여전히 대학 입시만을 바라보며 지식과 암기 위주의 공부에만 몰입합니다. 어찌어찌 대학에 들어가기는 해도 오로지 대입에만 목표를 두었던 많은 학생이 2학년부터는 좌절을 겪는다고 합니다. 이것이 최근 사회 병리 현상으로 대두된 '대2병'이죠. 2학년이 돼 보니 자신의 정체성에 대한 고민이 몰려오고, 그제야 성적에 맞춰 선택한 전공에 회의감을 가진다니 큰 문제가 아닐 수 없죠. 무엇이 잘못된 걸까요?

꿈과 끼를 발견하는 교육이 절실하다

그렇다고 공교육이 가만히 있는 것은 아닙니다. 2015년에 도입되어 2016년 전국적으로 시행된 '자유학기제'를 기억나시나요? 중학교에서 한 학기 동안 시험 부담 없이 진로 탐색과 체험 중심 교육을 제공해 학생 스스로 꿈과 끼를 찾도록 하는 제도입니다. 북유럽 아일랜드에서 50년 이상 운영된 제도를 한국형으로 받아들인 것이었죠.

자유학기제가 도입된 이후 10년 정도 여러 현실적 문제로 난항을 겪었습니다. 그러나 디지털 혁명이 촉발한 교육 변화 속에서 '적성 교육의 중요성'은 오히려 더 커졌습니다.

올해부터는 전국 중학교 1학년 1학기 혹은 2학기에 자유학기제를 운영하며, 이 기간에는 지필 평가 없이 적성과 흥미를 탐색할 시간을 갖게 됩니다. 자유학기제는 향후 고교학점제와도 연계되어 학생 스스로 흥미를 찾고, 진로를 설계하도록 하는 데 그 의의가 있습니다.

이제는 단순히 공부만 열심히 하는 시대는 저물어갑니다. 자유학기제나 고교학점제와 같은 제도를 통해 자유로움과 시간을 허용하고, 공부를 스스로 선택하게 하는 이유가 무엇인가요? 그것은 그 과정에서 자신을 탐색하고, 자신의 관심사와 적성을 더 깊이 이해하라는 뜻입니다. 왜죠? AI 시대에 필요한 역량은 '많이 아는 사람'이 아니라 자기 적성을 이해하고 스스로 배우는 사람, 문제를 독창적으로 해결할 수 있는 사람이기 때문입니다. 진심으로 자녀의 미래를 바라보는 부모라면 이것에 주목해야 합니다.

    Part 2 적성편 | 내 맘대로 투자하지 말고 아이의 적성에 투자하자

행복한 나라, 적성과 소질을 찾는 국민

OECD 국가 중 행복지수가 높은 네덜란드는 그 비결을 적성 교육에서 찾습니다. 네덜란드의 학교 교육은 적성 교육을 기반으로 설계되어 있어서, 학생들은 자연스럽게 자신에게 잘 맞는 분야를 찾아 사회에 나갑니다. 좋아하고 적성에 맞는 일을 하며 살아갈 수 있으니 삶의 만족도 또한 높을 수밖에 없고, 그러니 행복할 수밖에 없겠죠.

이런 높은 행복지수가 성인에게만 해당되지 않는다고 합니다. 네덜란드 청소년은 서방 국가들 가운데에서도 행복지수 1위를 기록하고 있다네요. 성적·학벌·스펙보다 '무엇을 할 때 행복한가?', '나는 어떤 일을 좋아하는가?' 등을 묻고 찾아가는 교육을 받는다니, 행복지수가 높을 수밖에 없을 것 같습니다. 사교육 또한 거의 없다고 하고요.

반면 사교육의 의존도가 높은 우리 아이들은 대부분 시간을 학교와 학원에서 보내고 있죠. 우리 청소년들의 행복지수가 OECD 국가 중 꼴찌라는 게 어쩌면 당연한 것 같습니다. 정답을 중시하는 교육 시스템 안에서 아이들의 적성은 그렇게 중요해 보이지 않습니다. 생각하는 힘을 기를 이유도, 질문을 가질 이유도 없어 보이고요. 자기가 없이 맹목적인 공부만 하는 우리 아이들이 행복하지 않은 이유죠.

인간은 자기답게 살 때 행복합니다. 우리 아이들에게 진정한 자기다움을 찾을 수 있도록, 그래서 잃어버린 행복을 찾아오도록 해야 하지 않을까요?

나는 자녀의 적성을 살리는 부모일까?

우리나라는 20세기 산업사회를 거치며 빠른 성장과 부흥을 경험했습니다. 그 과정에서 개성보다는 평균이, 독창성보다는 정형화된 매뉴얼이 중요했습니다. 학력과 스펙은 대기업 취업의 지름길이었고, 대기업 취업은 안정된 삶으로 이어지는 가장 확실한 성공 공식이었습니다.

이런 사회 구조 속에서 개인에게 요구된 것은 단 하나, 정해진 흐름을 벗어나지 않고 잘 따라가는 것이었습니다. 개인의 개성이나 적성을 깊이 탐색할 이유도 필요도 별로 없었습니다.

자기를 발견하는 적성 기반 공부가 진짜다

문제는 시대가 바뀌었다는 점입니다. 20세기의 성공 공식을 몸으로 경험한 기성세대는 21세기에 들어서도 여전히 같은 기준을 아이들에게 적용하려 합니다. 그러나 지금 우리가 살아가는 사회는 더 이상 '성장사회'가 아니라 '성숙사회'입니다. 성숙사회에서는 국가와 사회가 정해준 정답을 따르는 방식은 더 이상 통하지 않게 되었죠. 과거 기성세대에게 중요했던 매뉴얼이나 정답은 그 의미가 흐려지고 있으며 대신 불특정한 문제에 대한 독창적인 문제해결력이 점점 중요 해지고 있습니다.

이런 사회에서 요구하는 능력은 교과서형의 지식의 습득 능력이 아니라, 플랫폼 기반의 방대한 정보를 창의적으로 선별, 조합, 재구성하는 편집 능력입니다. 과거의 학력과 스펙이 경쟁력이 되지 못하는 이유가 여기에 있습니다. 반면, 자신이 누구인지 알고 그에 맞는 방향으로 쌓아온 공부와 경험은 이 시대의 새로운 '학력'이자 '스펙'이 됩니다. 이것이 바로 점점 중요시되고 있는 적성 기반의 진로를 탐색해야 하는 이유죠.

따라서 부모의 역할도 과거와는 달라져야 합니다. 부모는 교육의 개념을 바꿀 필요가 있습니다. 자녀교육에 가장 중요한 본질은 아이의 타고난 성질을 이해하고 그에 맞는 성장을 돕는

것이며, 타고난 소질과 재능을 발견하도록 지속적으로 환경을
제공하는 것입니다.

타고난 그대로가 차별성입니다

이 세상의 모든 아이는 자기만의 색깔을 가지고 태어납니다.
이것이 우리가 앞에서 살펴본 '기질'입니다. 지문인적성 검사
에서는 기질을 11가지 대표 유형으로 분류합니다. 그러나 그
어떤 아이도 단일한 한 가지 기질로만 존재하지 않습니다. 여
러 기질이 다양하게 조합되고, 그리고 그 위에 어떤 양육 환경
과 경험이 더해졌는지에 따라 아이의 색은 전혀 다른 스펙트럼
으로 나타납니다. 아이들은 저마다 다른 색을 가진 존재이며,
그 자체로 이미 차별성입니다.

부모들은 종종 이 놀라운 사실을 잊곤 합니다. 그래서 자녀
의 차별성을 외부에서 찾으려고 온갖 노력을 합니다. 이런 노
력은 결국 독창적으로 자기 색을 가지고 태어난 아이를 무채색
으로 만들어버리죠.

더 안타까운 경우는 부모가 아이의 색을 인정하지 않고 자
신의 색으로 바꾸려 할 때입니다. 그렇다고 자녀의 고유한 적

성이 사라지지는 않지만, 부모에 의해 가려지고, 숨겨지고, 억압됩니다. 아이들은 타고난 기질, 자신만의 고유한 성향이 존재합니다. 그 기질은 부모로부터 이해받고 존중받아 마땅합니다. 그래야 자기만의 타고난 기질을 삶의 강점으로 사용할 수 있습니다.

반대로, 부모 자신의 기질만을 기준으로 아이를 키우면 아이는 자기 자신에게서 점점 멀어지게 됩니다. 그 결과는 평생 건강한 삶으로 나아가지 못한 채 역기능으로 나타나기도 합니다. 사람은 타고난 기질을 건강하고 균형 있게 사용할 수 있을 때 가장 유니크한 강점이 된다는 사실을 잊지 마시길 바랍니다.

나는 어떤 부모인가요?

지문인적성 검사에서 만난 지훈이 엄마는 상담 내내 고개를 끄덕였습니다. 아이를 키우며 이미 느끼고 있었던 부분들이라 공감이 된다고 말했습니다.

지훈이는 독립성과 자기주도성이 매우 강한 친구였습니다. 아이지만 내적 사고를 많이 했고, 생각도 어른스러운 편이었습니다. 따라서 부모의 지시보다 스스로 생각하고 판단하고자

하는 성향이 강했죠. 하지만 이런 아이는 종종 '고집 센 아이', '말 안 듣는 아이'로 오해받습니다.

지훈이 엄마는 좀 달랐습니다. 아이의 성향을 일찍 알아차리고 자신의 일방적 주장보다 아이를 존중하는 방향으로 양육 태도를 조절하려 노력하고 있습니다. 이것은 훈육을 포기한다는 의미가 아닙니다. 자식이지만 어른과 동일한 인격체로 바라보고 대등한 관계 형성을 하고자 노력한다는 뜻입니다.

지훈이 엄마는 지훈의 성향이 자신과 비슷한 점이 많다고 했습니다. 그러면서 어려서 강압적이고 지시적인 아버지 밑에서 많이 고통스러웠다는 말도 덧붙였습니다.

부모 역시 타고난 기질을 가진 존재입니다. 그 기질이 아이와 닮았을 수도 있고, 닮지 않을 수도 있습니다. 아이는 오랜 시간 부모에게 의존해 성장할 수밖에 없죠. 부모는 모르는 사이에 아이의 적성을 '죽이는 부모'가 될 수도 있습니다. 그러나 아이의 적성을 일찍이 파악하고 그에 맞게 자신의 성질을 조절하는 부모도 있습니다.

자녀 양육은 부모의 리더십이 필요하지만 동시에 아이를 존중하며 따라가는 것입니다. 누가 아이의 적성을 살릴 수 있는 부모일까요? 만일 지훈이가 다른 부모에게 태어났다면 어떻게 달라졌을까요?

아이 내부에서 찾아라,
지문으로 발견하는 내 아이의 재능

아이의 적성을 찾고 개발하는 방법에는 크게 두 가지가 있습니다. 하나는 아이의 타고난 기질을 파악하는 것입니다. 적성은 자신의 기질에 맞는 분야에서 자연스럽게 발현되기 때문입니다. 또 하나는 타고난 강점이 무엇인지, 자신의 차별화된 능력이 어디에 있는지 발견하는 것입니다. 누구에게나 강점은 존재하며, 이것을 사용하여 살아갈 때 행복감과 성취감을 더 많이 느낄 수 있습니다. 이것은 자신의 내적 자원을 사용하며 살아가는 것이고, 그만큼 인생의 질이 달라진다는 뜻이니까요.

가장 특별한 능력은 아이 자신에게 나온다

그러나 부모 세대는 오랫동안 자신의 적성보다 사회 시스템을 더 중요하게 여겼습니다. 이는 삶의 기준이 '나'가 아니라 '외부'에 있었음을 의미합니다. 나의 삶에 외부의 목소리가 더 크게 작용했고, 이것은 나의 적성을 포기하게 했으며, 대신 사회의 요구와 적당한 타협을 하며 살게 했습니다. 그래서 우리는 OECD 국가 중 행복 지수가 꼴찌인 나라가 된 게 아닐까요?

이제 우리 아이들의 행복 기준은 더 이상 밖에 있지 않습니다. 아이들의 내부에서 찾아야 합니다. 이것이 변화하는 시대가 요구하는 창의적인 삶으로 안내할 것입니다. 아이들은 본래부터 이미 독특하게 태어났습니다.

앞에서는 기질을 통해 아이의 독특한 개성을 만났다면, 이제는 그보다 한 단계 더 깊이 들어가 내 아이가 타고난 강점이 무엇인지를 탐색하려 합니다. 이것은 외부의 무엇을 억지로 집어넣는 행위가 아닙니다. 이미 개성을 가지고 태어난 아이들을 동일한 시스템으로 획일화, 고정화시키는 것과도 거리가 멉니다.

인간에게는 타고난 것이 존재하며, 이것은 생각보다 강력합니다. 그리고 가장 특별함과 동시에 가장 자연스러운 삶으로 안내하죠.

지문인적성 검사에서 열 개의 손가락 지문 분석은 대뇌피질의 각 영역과 연결해 해석합니다. 우선 오른손은 좌뇌, 왼손은 우뇌와 연결됩니다. 그리고 열 개의 손가락에서 엄지는 전전두엽, 검지는 후전두엽, 중지는 두정엽, 무명지는 측두엽, 소지는 후두엽과 연결되어 있습니다.

대뇌피질의 각 영역은 고유한 역할이 있습니다. 그래서 전전두엽은 정신구, 후전두엽은 사고구, 두정엽은 체감각구, 측두엽은 청각구, 후두엽은 시각구로 불리며, 각 영역의 발달 특성은 개인의 사고 방식과 행동 양식에 영향을 줍니다.

흥미로운 점은 지문의 형성 시기와 대뇌피질 발달 시기가 맞닿아 있다는 사실입니다. 지문은 태내 13~19주에 형성되어 21주 이후 안정되며, 이후 평생 변하지 않습니다.

지문의 문양 및 TRC(Total Ridge Count) 값은 유전의 영향이며, 두뇌 발달과 밀접한 관계가 있어 각 뇌엽의 뇌세포 비율과 분포를 나타냅니다. 이러한 근거를 통해 우리는 아이의 타고난 적성, 즉 강점이 어느 영역에 자리하고 있는지를 보다 구체적으로 탐색할 수 있습니다.

손과 대뇌의 연결성, 그곳에서 발견하는 타고난 재능

일본 뇌과학계의 권위자로 알려진 구보타 기소우 교수는 그의 저서 《손과 뇌》에서 손과 두뇌의 관계를 설명합니다. 철학자 칸트는 "손은 바깥으로 드러난 또 하나의 두뇌"라고 했고, 미국 출신 캐나다 신경외과의사였던 와일더 펜필드 박사는 이미 1950년대에 대뇌와 인간의 신체 부위를 연결한 지도를 발표했는데, 뇌와 연결성이 가장 많은 신체 부위가 바로 손이었습니다.

지문인적성 검사는 손의 지문 분석을 통해 자녀의 타고난 성향과 강점을 발견하도록 돕습니다. 타고난 것은 분명 존재하며 그것을 인지하는 것은 중요합니다. 물론 타고난 것이 모든 것은 결코 아닙니다. 같은 기질과 적성을 타고났더라도 어떤 환경에서, 어떤 부모 아래에서 자라느냐에 따라 그 가능성은 크게 달라집니다. 잘 키워지면 확장되지만, 그렇지 않으면 쉽게 숨어버리기도 한다는 거죠.

아이들이 왜 특정 방식으로 행동하는지, 왜 어떤 공부를 더 즐기고, 무엇을 유독 잘하거나 싫어하는지는 우연이 아닙니다. 이는 타고난 대뇌 기능의 영향을 받습니다. 그렇기에 재능을 키운다는 것은 외부 시스템을 강요하는 일이 아니라, 아이 안에 이미 존재하는 것을 발견하고 성장시키는 과정이어야 합니다.

예를 들어 스포츠의 영역을 강점으로 타고났더라도 재능의 표현은 다 다를 수 있습니다. 누구는 선수의 길을 추구합니다. 그러나 누구는 지도자가 되고, 누구는 분석가가 되며, 누구는 해설가로 성장합니다. 이 차이는 어디에서 나올까요? 바로 기질과 타고난 강점의 결합 방식에서 비롯됩니다.

타고난 강점에 따라 발휘되는 영역은 매우 다채롭습니다. 이 책에서는 이를 이해하기 위한 도구로 열 개의 손가락 지문 분석과 하워드 가드너의 다중지능 이론을 함께 활용하고자 합니다.

알고 가는 길은 조금 가깝게 느껴지고 수월합니다. 모르고 가는 길은 더 멀게 느껴지고, 자주 헤매게 되죠. 우리는 무엇을 선택해야 할까요? 그 선택이 무엇이든, 그 선택이 지금 이 시점에서는 아이가 아니라 부모라는 점이 중요합니다.

자녀를 제대로 이해하고 그 아이만의 적성을 찾도록 돕는 부모는 행복합니다. 자신을 온전히 알고 적합하게 사용하는 아이의 인생이 행복할 테니까요.

6장

지문으로 찾아내는
내 아이의 적성,
강점에 투자하라

모든 것이 밀접하게 연결된 초연결사회에서 대인관계지능은
사회적 성공으로 안내하는 핵심 지능입니다.
이 지능은 리더십, 인간관계, 분쟁 해결, 중재 등의
분야에서 그 빛을 발휘합니다.
강점을 가지고 태어났어도 강점으로 키우지 못한다면,
그 책임은 누구에게 있을까요?

주도적으로 관계를 이끌어가는
대인관계지능 (왼손 엄지)

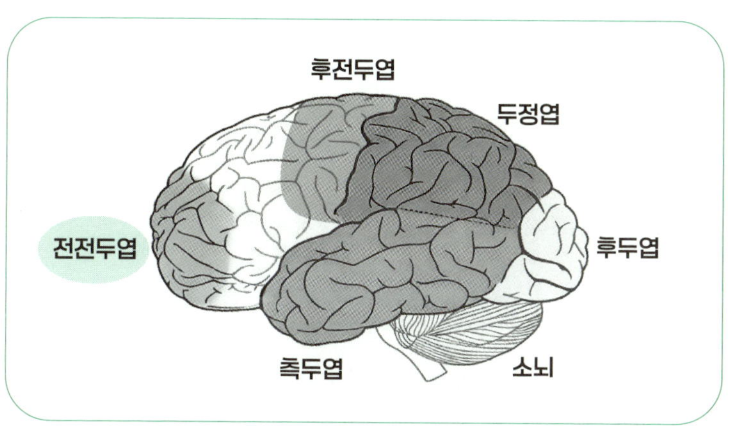

지문인적성 검사에서 엄지손가락의 지문은 대뇌피질의 전전두엽 세포와 관련이 있습니다. 전전두엽은 전두엽의 일부로 대뇌의 앞쪽에 위치하여 이마엽으로 불리며, 기억력, 사고력, 추리, 계획, 운동, 감정, 문제해결 등 고차원적인 정신작용을 관장합니다. 사람의 왼손은 우뇌와 연결되어 있고, 지문인적성 검사에서는 왼손 엄지(우뇌) 지문에 나타나는 전전두엽의 기능을 '대인관계지능'으로 해석합니다.

주도적인 문제해결력이 강점

지문인적성 검사에서 말하는 대인관계지능은 '대인관계가 넓다, 혹은 좁다'는 의미가 아닙니다. 이는 전전두엽의 고차원적 정신기능을 바탕으로 타인의 기분, 의도, 동기, 감정을 읽어내는 민감성과 변별력, 그리고 그에 효과적으로 대응하는 문제해결력을 말합니다.

왼손 엄지 지문의 정밀 분석값(TRC, Total Ridge Count)이 다른 손가락 지문보다 높을 때, 대인관계지능은 아이의 강점이 됩니다. 이 경우 아이는 주도성이 크게 발달합니다.

주도성이란 타인에게 끌려가기보다 스스로 판단하고 실행하려는 능력입니다. 상황을 해석하고, 계획을 세우며, 감정을 조절해 문제를 자발적으로 해결하려는 힘이죠. 이는 태내에서 형성된 전전두엽이 발달하여 나타나는 결과이기 때문에 의식적으로 행동하는 것이 아니라 본능적이라 볼 수 있습니다.

대인관계지능이 강점인 아이는 어려서부터 자기 주관이 확고합니다. 이를 두고 "고집이 세다"고 말하는 부모가 있어요. 아이 고집을 꺾어 부모 뜻대로 키우고자 하는 부모도 있고요. 부모 입장에서는 키우기가 순조롭지 않고, 자신이 원하는 대로 따라주지 않으니 그럴 수 있습니다.

그러나 무엇이 중요할까요? 부모의 편의와 욕구에 맞추는 것이 과연 아이를 사랑하는 방식일까요?

부모의 양육 스타일에 따라 강점이 약점이 되기도 한다

대인관계지능은 '정신구'라 불리는 전전두엽의 기능으로, 정신적 자발성과 독립성을 바탕으로 한 능력입니다. 스스로 판단하고 주도하려는 힘이 강합니다.

하지만 여기에는 중요한 전제가 있습니다. 인간은 상당히 오랜 기간 부모에게 의존하며 성장하는 존재라는 사실입니다. 아이가 어릴수록 부모의 영향력은 절대적일 수밖에 없고, 그만큼 부모는 주도권을 행사하게 됩니다.

대인관계지능이 강한 아이 역시 어린 시기에는 부모를 따를 수밖에 없습니다. 문제는 부모의 기질과 양육 태도입니다. 부모가 아이를 하나의 인격체로 존중하며, 허용과 기준의 균형을 유지한다면 아이의 대인관계지능은 강점으로 발달을 이어가겠죠.

반대로 부모가 통제와 지시 중심의 양육을 지속한다면, 아이는 겉으로는 순응하는 듯 보일지라도 내면에서는 억압과 부정이 누적됩니다. 이는 언젠가 감정 폭발이나 심리적 문제로 드러날 수 있습니다.

성인이 되어 지문인적성 검사를 받는 경우가 있습니다. 자신을 제대로 알고자 하는 본능은 나이가 따로 없죠. 이때 대인관계지능이 강점으로 나온 경우에 부모와의 관계를 물어보면, 갈등 관계가 있었다고 답하는 경우가 많습니다. 그중 1~2명은 관계가 단절된 사례도 있습니다. 부모는 아이를 바꿀 수 없습니다. 타고난 기질과 적성을 존중해주며 키우는 것이 서로에게 평안과 행복으로 이어집니다.

모든 것이 밀접하게 연결된 초연결사회에서 대인관계지능은 사회적 성공으로 안내하는 핵심 지능입니다. 이 지능은 리더십, 인간관계, 분쟁 해결, 중재 등의 분야에서 그 빛을 발휘합

   Part 2 적성편 | 내 맘대로 투자하지 말고 아이의 적성에 투자하자

니다. 강점을 가지고 태어났어도 강점으로 키우지 못한다면, 그 책임은 누구에게 있을까요?

강점을 더 강하게 하는 Good Point

☑ 아이의 주도적인 선택과 판단을 존중해주세요.

☑ 친구들과의 관계에서 협업의 중요성을 알려주세요.

☑ 단체 활동의 기회를 얻도록 해주세요.

나의 내면세계를 탐색하는 자기이해지능 (오른손 엄지)

그동안 수많은 학자는 손과 뇌의 상관관계를 연구하고 발표했습니다. 그중에서 미국 출신 캐나다의 신경외과 의사 와일더 펜필드(Wilder Penfield, 1891~1976)는 인간의 대뇌피질을 중심으로 감각신경과 운동신경이 각기 다른 신체 부위와 얼마나 연관되어 있는지를 크기로 대응시켜 나타낸 모형, 호문쿨루스(Homunculus)를 제시했습니다.

펜필드의 호문쿨루스를 보면 뇌는 운동영역과 감각영역 모두 손과 손가락이 가장 많은 연결성을 갖는다는 것을 알 수 있습니다. 그만큼 손은 뇌와 연결된 신경세포가 밀집된 부위이며, 이 때문에 손은 흔히 '제2의 뇌'라 불립니다.

　지문인적성 검사에서 엄지손가락은 대뇌피질의 전전두엽과 연결이 됩니다. 대뇌는 좌뇌와 우뇌로 분류되고 손과 대뇌는 교차 되어 오른손은 좌뇌, 왼손은 우뇌와 연결됩니다. 이에 따라 지문인적성 검사에서는 왼손 엄지의 전전두엽 기능을 대인관계지능으로, 오른손 엄지의 전전두엽 기능을 자기이해지능으로 해석합니다.

나 자신을 올바로 이해하는 것이 성공 지능

　인간을 가장 고차원적인 존재로 만드는 핵심 영역은 전두엽입니다. 전두엽은 사회성, 판단력, 충동 조절, 논리적 사고, 감정 조절, 언어 구사 등 인간다운 삶을 가능하게 하는 기능을 담당합니다. 지문인적성 검사에서 오른손 엄지, 즉 좌측 전전두엽의 발달은 '자기이해지능'으로 표현됩니다.

자기이해지능이란 자신에 대한 통찰력을 의미합니다. 자신이 무엇을 좋아하고 싫어하는지, 무엇에 관심이 있고 없는지, 어떤 유형의 사람인지를 인식하고 이해하는 능력을 말합니다. 나아가 자신의 욕구와 강점을 정확히 알고, 이를 개발해 삶에 효과적으로 활용하는 지능이라 할 수 있습니다.

자기이해지능이 높은 사람은 평생 자기 자신을 잘 활용하며 살아갈 가능성이 큽니다. EBS 다큐프라임 《아이의 사생활-다중지능 편》에서는 각 분야에서 두드러진 성취를 이룬 사람들의 다중지능을 분석했습니다. 의사, 발레리나, 작곡가 겸 가수, 디자이너 등 직업은 달랐지만, 이들에게 공통적으로 발견된 지능이 하나 있었는데, 바로 자기이해지능이었습니다.

자기이해지능이 발달된 사람은 자신에 대한 이해도가 크기 때문에 스스로 자기의 길을 잘 찾아갈 수 있는 힘을 가지고 있었습니다. 즉 자신의 강점과 약점을 정확히 인식하고, 이를 조절하고 보완할 줄 알았던 것이죠.

사회적 성공에서 중요한 것은 실패를 견디는 힘, 즉 회복탄력성입니다. 성공한 인생이라도 좋은 길만 걷는 것은 아니기 때문이죠. 공부를 잘하는 아이 역시 머리가 좋은 아이가 아니라 인내와 끈기로 자신을 다스릴 줄 아는 아이입니다. 자기를 제대로 알고 자신을 잘 가꾸는 자기이해지능이 높은 아이죠. 이처럼 자기이해지능은 모든 면에서의 성취와 관련이 높습니다.

나에 대한 이해가 타인에 대한 공감력의 시작

철학자 소크라테스는 "너 자신을 알라"고 말했습니다. 자기 자신을 성찰하지 못한 채 타인과 진리를 알 수 없다는 말이겠죠. 성경 누가복음에서도 예수님은 이렇게 말씀하십니다.

"어찌하여 형제의 눈 속에 있는 티는 보고 네 눈 속에 있는 들보는 깨닫지 못하느냐."

자기이해지능이 발달된 아이는 자신을 반추하는 능력이 탁월합니다. 자신의 생각과 감정, 현재 상태를 객관적으로 이해하며 그에 따라 행동하고자 합니다. 그래서 이 아이들은 내적 사고력이 발달해 있으며, 부모나 교사의 지시보다 스스로 판단하려는 성향을 보이기도 합니다.

자녀가 자기이해지능이 강점이라면 간섭 대신 믿음으로 기다려주는 자세가 필요합니다. 물론 아이의 성장을 돕는 환경 제공은 중요하지만, 부모의 기준으로 끌고 가려는 방식은 오히려 아이의 강점을 위축시킬 수 있습니다.

자기이해지능이 높은 아이는 성직자, 예술가, 상담가, 심리학자, 철학자 등의 분야에서 빛을 발할 수 있습니다. 자신의 삶을 깊이 성찰할 수 있는 능력이 결국 타인에 대한 깊은 공감력으로 나아가는 것이지요.

강점을 더 강하게 하는 Good Point

☑ 아이의 생각을 자주 귀 기울여 들어주세요.

☑ 위인전이나 자서전, 리더십 관련 책을 읽도록 도와주세요.

☑ 자신의 생각과 감정을 일기나 글로 표현하도록 안내해주세요.

세상은 평면이 아니다, 공간지능(왼손 검지)

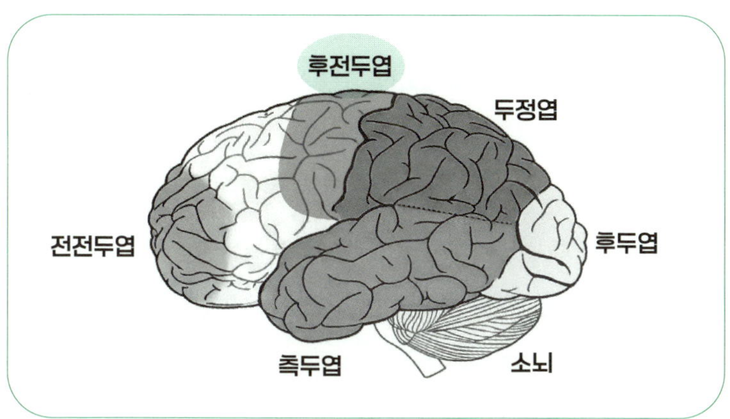

대뇌피질의 앞쪽에 위치하는 전두엽은 전전두엽과 후전두엽 (후전두엽은 전두엽의 해부학적 하위 명칭이 아니나, 전전두엽과 구분하여 기능적 특성을 설명하기 위해 본문에서 임의로 사용한 표현)으로 나뉩니다. 전전두엽은 인간의 정신을 관장하는 정신구, 후전두엽은 깊은 사고로 안내하는 사고구로 불립니다. 지문인적성 검사에서는 엄지손가락이 정신구, 검지손가락은 사고구로 연결되죠.

사고구로 불리는 후전두엽은 다시 좌우로 나뉘어 왼손 검지, 즉 우측 후전두엽은 공간지능을, 오른손 검지, 즉 좌측 후전두엽은 논리수리지능으로 해석할 수 있습니다.

여기에서는 먼저 왼손 검지 지문과 연결되는 공간지능을 살펴보겠습니다.

내 안의 능력을 사용할 때 즐겁다

공간지능이 강점이라는 것은 우측 후전두엽 부위의 뇌세포가 상대적으로 발달했다는 뜻입니다. 공간지능이란 공간지각 능력, 즉 공간에 대한 방향 감각, 입체감, 사물을 공간에 배치하는 능력을 말합니다. 이는 디자인 감각, 예술 표현 감각이라고 볼 수 있습니다.

공간지능이 발달된 아이는 시각적으로 공간을 빠르게 파악하고, 전후좌우의 균형을 감각적으로 이해합니다. 길 찾기를 잘하고 지도를 읽는 능력이 뛰어나며, 어려서부터 회화, 만들기, 조형 활동에서 두각을 나타내는 경우가 많습니다.

한 번은 자녀와 지문인적성 검사를 받은 어머니가 있었습니다. 검사 결과, 공간지능이 최강점으로 나타났는데 직업을 여쭤보니 연예인 메이크업 아티스트라고 했습니다. 그분은 메이크업을 할 때 얼굴 전체를 하나의 '공간'으로 보고, 색과 명암, 균형과 조화를 가장 중요하게 여긴다고 말했습니다. 얼굴이라는 제한된 공간 안에서 가장 아름다운 구성을 만들어내는 일은, 바로 그녀의 타고난 공간지능이 발휘되는 영역이었던 것입니다.

타고난 적성을 사용하며 사는 사람은 그렇지 않은 사람보다 훨씬 수월하게 성과를 낼 수 있습니다. 따라서 잘할 수 있는 일이 직업이 되면 누구보다 즐겁게 일을 하게 되죠.

눈에 보이는 외적 공간, 눈에 보이지 않는 내적 공간

공간지능은 사고력과도 연결성이 있습니다. 공간지능은 2차원(2D, Two Dimension)을 3차원(3D, Tree Dimension)으로 감지할 수 있는 능력인데, 이것이 사고 영역으로 확장되면 통합적 사고력으로 이어집니다.

어떤 문제가 발생했을 때, 단면만이 아니라 전방위적으로 생각을 할 수 있다면 어떨까요? 남들보다 종합적 사고가 가능하다면 문제해결력은 남다를 수밖에 없을 겁니다.

이처럼 공간지능은 사물과 현상을 꿰뚫어 보는 통찰력과 깊은 관련이 있습니다. 눈에 보이지 않는 것을 추상적으로 추론해 머릿속으로 형상화하는 능력 또한 공간지능이기 때문입니다.

공간지능이 누구에게는 눈에 나타나는 시각적 공간에 머물러 있을 수도 있고, 다른 누구에게는 눈에 보이지 않는 생각과 추론의 공간에서 사용될 수도 있다는 것입니다. 같은 지능이어도 어느 영역에서 사용되느냐는 환경에 달려있습니다.

부모가 자녀의 강점을 알아차리는 것도 중요하지만, 거기에서 멈추지 않고 그 강점을 펼칠 수 있는 장을 마련해 주는 것이 더 중요합니다. 강점은 있으나 사용할 기회를 만나지 못하면, 잠재력은 쉽게 묻혀 버립니다.

공간지능과 관련된 대표적인 분야로는 디자이너, 건축가, 인테리어 디자이너, 미술가, 사진작가, 무대 연출가, 설계사 등이 있습니다.

눈치 빠른 부모라면 이미 느꼈을 겁니다. 공간지능은 손재주와의 연관성이 매우 높다는 사실을요. 따라서 이후에 다룰 신체조작지능과도 긴밀하게 연결되는 지능입니다.

어려서부터 복합적인 구조의 완구를 조립하고, 만들고, 변형

 Part 2 적성편 | 내 맘대로 투자하지 말고 아이의 적성에 투자하자

하는 경험을 충분히 제공하는 것은 공간지능을 지속적으로 사용하고 강화하는 데 큰 도움이 됩니다.

강점을 더 강하게 하는 Good Point

☑ 공간을 이용한 다양한 전시회를 자주 다녀요.

☑ 직접 조립하고 만드는 체험을 해봐요.

☑ 보고 들은 것이나 생각을 그림이나 도표 등 시각적으로
표현해봐요.

논리야 수리야 놀자, 논리수리지능 (오른손 검지)

지문인적성 검사에서 오른손 검지는 대뇌피질의 좌측 후전두엽과 연결되며, 이를 논리수학지능으로 해석합니다. 논리수학지능이란 논리적, 수학적으로 사고하는 능력을 말하죠. 우리나라 부모들이 가장 원하는 지능이라고 볼 수도 있습니다. 학교 공부와 직결되는 지능이기 때문입니다.

숫자를 좋아하고 논리에 강한

과학자 아인슈타인에게 발견되는 강점 지능이 무엇일까요? 다른 여러 지능의 조합이 위대한 천재를 만들었겠으나, 특히 논리수학지능이 가장 높았을 것은 분명합니다. 이처럼 논리수학지능은 수학, 과학, 논리 분야의 천재들에게서 발견되는 능력으로 연역적·귀납적 사고를 잘하는 능력, 복잡한 수학적 계산과 사물 간의 논리성을 과학적으로 구성하는 추리능력, 추상적인 패턴과 관계들에 대한 인식능력 등이 포함됩니다.

부모는 이 지능이 발달한 아이를 어려서부터 알아차릴 가능성이 높습니다. 숫자에 관심이 나타나는 3세 전후에 유독 수에 관심을 보이며 무언가를 자꾸 수와 연결하는 경향성을 보입니다. 부모는 '우리 아이가 숫자를 아주 좋아한다'고 느낄 수 있죠. 또 논리적인 맥락 해석에 유능하기 때문에 언어 이해가 빠르고 원인과 결과에 대한 인지가 돋보입니다.

특히 다음에 다룰 언어지능과 논리수학지능이 만나 강점으로 개발된다면, 논리적인 언어력은 특별할 수밖에 없습니다. 따라서 논리정연한 글이나 말을 선호하고 그것을 훈련함으로써 자신의 논리력을 더욱 키워갑니다.

아이와 대화할 때 그 내용을 유심히 들어보세요. 단어를 나열하며 말하는지, 아니면 원인과 결과를 연결해 자신의 생각을 설명하는지 살펴보면 아이의 논리력을 어느 정도 가늠할 수 있습니다. 또, 논리력이 강한 아이는 따지는 듯한 느낌을 받을 수 있는데, 자신의 논리와 맞지 않을 때 쉽게 수긍하지 않기 때문입니다.

과학자, 수학자 이과형 머리

논리수학지능은 다른 말로 과학적·수학적 사고력이라고 볼 수 있습니다. 우리식으로 말하면 이과형 머리겠죠. 이 지능이 뛰어난 아이들은 문제를 단계적으로 풀기도 하지만, 때로는 복잡한 과정을 거치지 않고 곧바로 결론에 도달하기도 합니다. 이를 논리수학지능의 비언어적 특성이라 부릅니다. 즉, 문제해결 과정에서 언어로 명료하게 표현하기 전에 이미 결론이 도출되어 '유레카'를 외치기도 하는데, 자신도 모르는 사이 머릿속에서 직관과 추론이 일어난 것이라 볼 수 있죠. 이렇게 먼저 결론을 내려놓고 그 결과를 증명하기 위해 논리를 세우는 과정을 거치게 됩니다. 다른 사람들보다 문제해결력이 좋고 빠르다고 느낄 수 있는 이유입니다.

이처럼 대뇌피질의 후전두엽, 즉 사고구가 발달한 아이는 공간지능과 논리수학지능에 탁월한데, 이는 사고의 깊이가 깊고, 입체적이며, 과학적·논리적 사고가 뛰어나다는 뜻으로, 흔히 말하는 '공부 머리'와 밀접한 관련이 있습니다.

  Part 2 적성편 | 내 맘대로 투자하지 말고 아이의 적성에 투자하자

논리수학지능과 연관된 인물로는 피타고라스와 같은 수학자, 아인슈타인과 같은 과학자 등이 있습니다. 철학자, 회계사, 컴퓨터프로그래머, 통계전문가, 빅데이터 전문가 등의 직업군에서도 두드러지게 나타납니다.

논리수학지능을 가진 사람은 단순히 계산을 잘하는 사람이 아니라, 세상을 구조적으로 이해하고 새롭게 재구성하는 또 하나의 혁신가라고 할 수 있습니다.

강점을 더 강하게 하는 Good Point

☑ 수, 자연, 과학, 철학 분야의 책을 자주 접하게 도와주세요.

☑ 컴퓨터와 코딩 활동을 통해 논리적 사고를 확장해 주세요.

☑ 생각을 말할 때 논리적 근거를 함께 제시하도록 도와주세요.

내 몸을 자유자재로 사용하는 신체율동지능 (왼손 중지)

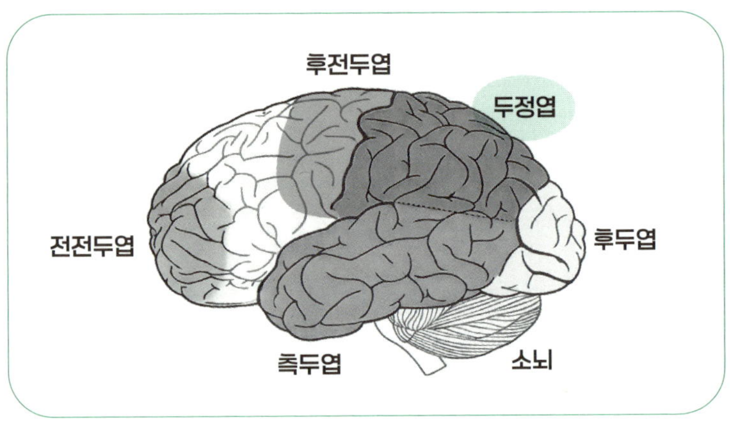

지문인적성 분석에서 중지는 대뇌피질의 두정엽과 연결됩니다. 두정엽은 전두엽과 후두엽 사이, 정수리 위쪽에 위치하며 흔히 체감각구로 불립니다. 신체를 움직이거나 신체를 통해 느끼는 감각 정보가 이 영역에서 처리되기 때문입니다.

체감각구는 다시 대근육과 소근육 기능으로 나뉘는데, 왼손 중지는 대근육과 관련된 신체율동지능, 오른손 중지는 소근육과 관련된 지체조작지능으로 해석합니다. 먼저 왼손 중지에 나타나는 신체율동지능을 살펴보겠습니다.

산만함과 다른, 신체를 사용하는 활동성

열 손가락 중 중지의 지문 정밀 분석값(TRC)이 특히 높다면, 신체를 사용하는 능력이 타고난 강점일 가능성이 큽니다. 그중에서도 왼손 중지는 대근육을 얼마나 자유롭고 민첩하게 사용하는지를 보여줍니다.

신체율동지능이 발달한 아이는 어려서부터 활동적인 정서 상태를 보입니다. 목, 팔, 다리 등 큰 근육을 사용하는 능력이 자연스럽게 발달해 있기 때문에, 목 가누기, 뒤집기, 기기, 서기, 걷기, 뛰기 같은 신체 발달 과정이 비교적 빠르게 나타나기도 합니다.

이 아이들은 자신의 신체를 사용하는 것을 즐깁니다. 그래서 조용한 정적인 활동보다 동적인 활동을 더 선호하죠. 인간은 본능적으로 잘할 수 있는 것으로 자기를 사용하고 드러내니까요.

이처럼 신체의 활동이 활발하다 보니 어려서는 때때로 산만하다고 느낄 수도 있어요. 이때 부모는 아이가 단순히 집중력이 부족한 것인지, 아니면 신체적 발산이 필요한 기질인지를 구분해 볼 필요가 있습니다.

저마다 다른 재능이 존재한다

상담에서 만난 소연이는 느린 학습자였습니다. 일반적인 학습 속도에 맞추기 어려워 학교 공부를 따라가는 데 많은 반복과 시간이 필요했죠. 그러나 소연이에게도 분명한 강점은 있었습니다. 바로 신체율동지능이었습니다.

소연이는 집에서 항상 춤을 춘다고 합니다. 음악의 리듬에 맞춰 자신의 신체를 이용할 줄 아는 소연이의 춤솜씨는 전문가 못지않았습니다. 소연이는 대근육이 발달하여 신체율동지능과 더불어 음악지능까지 높았기 때문이죠.

하지만 소연이는 조용히 앉아 지적 활동을 요구하는 학교 환경 속에서 점점 위축되어 갔습니다. 우리나라의 학교는 여전히 정적인 학습과 표준화된 평가를 중심으로 운영되기 때문입니다. 그러나 모든 아이가 학교가 원하는 방식의 우등생이 될 수는 없습니다. 아이마다 타고난 재능의 프로파일이 다르기 때문입니다. 소연이처럼 신체 감각이 발달한 아이는 공부 역시 직접 만지고 움직이며 경험하는 체험 중심 학습이 훨씬 효과적입니다.

무엇이 좋은 교육일까요? 모든 아이를 같은 기준에 맞추는 것이 아니라, 각자에게 유리한 방식의 학습과 성장을 발견하도록 돕는 것이 아닐까요. 그리고 그것을 통해 자기효능감을 키우며, 자신만의 창의적인 삶을 디자인하도록 도와주는 것이 진정한 교육 아닐까요.

게으른 걸까요? 신체율동지능이 낮은 경우

현대사회는 운동의 중요성을 강조합니다. 걷기, 헬스, 축구, 테니스, 요가 등 대부분은 신체율동지능을 요구하는 활동입니다. 이 지능이 강점인 사람은 굳이 시키지 않아도 몸을 움직이는 것을 즐깁니다. 신체 사용이 자연스럽고 수월하기 때문이죠.

반대로 신체율동지능이 낮은 경우, 운동은 즐거움보다는 노동이나 과제로 느껴질 수 있습니다. 어릴 때 체육 시간이 즐거웠는지, 아니면 가능하면 피하고 싶었는지 떠올려보세요. 이 경험은 신체율동지능과 밀접한 관련이 있습니다.

수현이는 어릴 때부터 행동이 느린 편이었습니다. 밥도 천천히 먹고, 걸음걸이도 느렸어요. 외부활동보다 안에서 조용히 있는 것을 더 선호했죠. 잠도 많은 편이서 엄마는 이런 수현이가 다소 답답하고 게으른 성향이라고 판단했습니다.

지문인적성 분석 결과 수현이는 신체율동지능이 가장 낮게 나왔습니다. 따라서 몸 쓰는 것이 민첩하지 않고 자유자재로 되지 않아 적극적으로 사용하지 않는 쪽으로 행동이 나타난 거죠. 그런 수현이는 체육이 싫다고 합니다.

성인도 마찬가지입니다. 휴일이면 무조건 가족과 함께 외부로 나가는 유형이 있고, 그 반대로 집에서 푹 쉬어야 하는 유형이 있죠. 기질이나 체력의 차이도 있지만, 신체율동지능의 관점에서 보면 전자는 높은 유형, 후자는 낮은 유형일 가능성이 큽니다.

이처럼 신체율동지능은 학습 방식뿐 아니라 일, 관계, 정서 전반에 영향을 미칩니다. 이를 알고 자녀를 바라본다면, '게으름'이나 '의욕 부족'이라는 평가 대신 타고난 특성에 대한 이해로 접근할 수 있겠죠.

신체율동지능이 강점인 경우, 무용가, 운동선수, 모델, 연기자처럼 신체 전체를 활용해 자신을 표현하는 분야가 적성 분야라고 볼 수 있습니다.

좀 더 정밀하게, 세심하게, 신체조작지능(오른손 중지)

　두정엽, 즉 체감각구와 연결된 또 하나의 지능은 지체조작 지능입니다. 지문인적성 검사에서 오른손 중지의 정밀 분석값(Total Ridge Count)으로 해석합니다.

　신체율동지능이 신체의 대근육 사용 능력이라면, 신체조작 지능은 신체의 말단부위, 즉 소근육 사용 능력입니다. 다시 말해 손, 발, 입을 이용하여 문제를 해결하거나 창작 활동을 하는 능력을 말합니다.

손재주가 좋은 아이

신체조작지능이 높은 사람을 우리는 흔히 손재주가 좋다고 합니다. 각 신체 말단의 감각이 유달리 발달하여, 촉각이 예민하고 눈과 손의 협응력이 뛰어나, 손으로 하는 정교한 작업이나 도구 사용에 능숙합니다. 또 눈과 손의 협응력이 좋아 운동도 공을 사용하는 핸드볼, 농구, 탁구, 축구 등에서 실력을 발휘하고, 양궁이나 사격과 같은 종목도 잘할 수 있습니다.

2010 벤쿠버 동계올림픽의 김연아 선수를 떠올려 볼까요? 피겨스케이팅은 신체의 대근육을 자유롭게 사용하는 신체율동지능이 필요한 종목이죠. 하지만 손끝이나 발끝을 정교하게 사용하는 신체조작지능이 함께 발달하지 않으면 김연아 선수와 같은 아름다운 모습이 나올 수 없죠. 신체를 이용하는 능력이 타고난 것을 일찍이 엄마가 발굴했고, 이후 지속적인 환경을 뒷받침했기에 세계적인 재능으로 완성될 수 있었습니다.

신체조작지능을 타고난 아이들은 어려서부터 블록같이 조립과 관련된 장난감에 집중력을 보입니다. 집안의 물건들을 해체하여 다시 조립하는 일에 흥미를 보이기도 하죠. 지퍼 올리기, 단추 끼우기 같은 생활 속 소근육 활동도 수월하게 해냅니다.

미술 활동에서도 만들기를 즐기고, 손으로 하는 활동에 관심을 보입니다.

이처럼 신체의 대근육보다 소근육이 발달한 경우에 큰 움직임에는 둔하더라도 차분히 앉아서 꼼지락거리는 활동에는 집중력을 보이니, 어느 쪽의 발달이 더 타고났는지 부모의 세심한 관찰력이 필요하죠.

타고난 강점은 사용되도록 이끌어줘야 한다

자매인 두 명의 여자아이가 지문인적성 검사를 받은 사례가 있습니다. 두 아이 모두 음악지능이 매우 높았지만, 신체 사용 방식에서는 차이가 있었습니다.

언니는 음악지능 다음으로 자기이해지능이 높았고, 신체율동지능과 신체조작지능이 고르게 발달해 있었습니다. 반면 동생은 음악지능과 함께 신체조작지능, 논리수리지능, 언어지능이 두드러졌고, 신체율동지능은 가장 낮게 나타났습니다.

상담을 진행하면서 둘 다 가야금을 전공하는 아이들이었다는 것을 알게 되었습니다. 부모는 가야금이 적성에 맞는지 궁금해서 분석을 신청한 거였죠. 결과적으로 두 자매 모두 자신의 적성을 잘 찾아가고 있는 경우였습니다.

언니는 신체 전체의 사용과 손의 정교함이 함께 발달해 연주의 표현력이 풍부했고, 동생은 손의 조작 능력과 악보를 읽고 이해하는 인지 능력이 뛰어나 기술적으로 안정적인 연주가 강점으로 나타났습니다.

가야금 연주는 대근육의 민첩성이 절대적인 요소는 아니기에, 신체율동지능이 낮은 동생에게도 큰 불리함은 되지 않았습니다. 다만 대외적 활동성이나 무대 에너지에서는 언니가 더 적극적일 가능성은 있겠죠.

이렇듯 타고난 적성이 강점으로 발현되는 것은 인생에서 중요한 부분입니다. 그러나 재능 그 자체보다 더 중요한 것은 그 재능을 어떻게 가꾸느냐입니다.

유전적으로 타고난 강점이 있고, 그에 맞는 환경과 꾸준한 노력이 더해질 때 그 재능은 완전히 다른 차원의 경쟁력이 됩니다. 하지만 타고난 재능이 있어도 그것을 발견하지 못하거나, 발견했어도 키워주지 못한다면 그것은 땅속에 묻힌 채 평생 사용되지 않는 보석과 다르지 않습니다.

자녀에게 신체조작지능의 강점이 보인다면, 그 재능이 자연스럽게 사용될 수 있는 환경을 마련해 주세요. 그리고 이끌어주세요. 그것이 진정한 교육이고, 부모의 역할이니까요.

강점을 더 강하게 하는 Good Point

☑ 블럭놀이, 종이접기, 악기 등 소근육을 사용하는 도구를 제공해주세요.

☑ 창의성, 예술성을 기르도록 환경을 마련해주세요.

☑ 책을 통해 언어적 자극을 다양하게 해주세요.

   Part 2 적성편 | 내 맘대로 투자하지 말고 아이의 적성에 투자하자

소리의 세계를 지배한다, 음악지능(왼손 무명지)

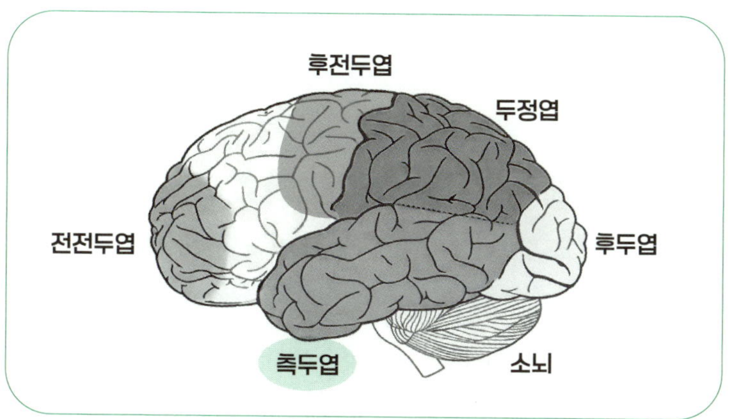

이제 대뇌피질의 청각구로 넘어가겠습니다. 대뇌피질의 측두엽은 관자엽으로도 불리는데, 대뇌반구의 양옆에 위치해 청각 정보를 처리하는 역할을 담당합니다. 청각피질과 청각 연합영역이 이곳에 자리하고 있죠.

지문인적성 검사에서는 무명지(네 번째 손가락)가 이 측두엽과 연결됩니다. 왼손 무명지는 음악지능, 오른손 무명지는 언어지능으로 해석합니다. 왼손이 우뇌와, 오른손이 좌뇌와 연결된다는 점을 떠올리면 이해가 쉽습니다. 즉, 우측 측두엽은 음악, 좌측 측두엽은 언어와 깊은 관련을 맺고 있습니다.

환경의 영향을 가장 많이 받는 음악지능

음악지능은 소리와 관련된 지능으로, 소리에 대한 민감도가 유난히 발달한 능력을 말합니다. 리듬과 박자, 음의 높낮이와 멜로디, 음색의 차이를 감지하고 이해하는 능력은 물론, 음악을 분석하고 표현하는 전반적인 역량을 모두 포함합니다.

사람의 청각은 태아 시기부터 열리기 시작합니다. 태아 5개월 무렵 소리를 감지하고, 7~8개월이면 완성되어 좋은 소리와 싫은 소리를 구분하기 시작하죠. 그래서 다중지능 가운데 가장 이른 시기에 드러나는 지능이 음악지능이라고 볼 수 있습니다. 음악지능을 타고난 아이는 생후 2개월 무렵부터도 엄마의 노래나 소리에 반응하며, 언어보다 먼저 음악적 자극에 민감하게 반응하는 모습을 보이기도 합니다.

그런데 타고난 유전적 재능만큼이나 생후 환경의 영향을 가

　　　Part 2 적성편 | 내 맘대로 투자하지 말고 아이의 적성에 투자하자

장 많이 받는 지능이 바로 음악지능입니다. 다중지능의 창시자 하워드 가드너는 부모를 포함한 가정의 음악적 수준과 관심이 유아의 음악지능 발현과 상관이 높다고 했습니다. 즉, 부모 중에 음악가가 있거나, 집에 악기가 있거나, 음악 지도를 받는 형제의 유무 등은 타고난 음악지능의 발현과 관계가 높습니다. 아무리 음악지능을 재능으로 타고났어도 이와 같은 환경을 만나지 못하면 그 강점은 숨어버릴 수 있습니다.

남들 따라하기보다 중요한 것은 자녀의 적성을 아는 것

음악지능은 청각의 예민도뿐 아니라 감수성과 예술성, 창의성과 관련이 높습니다. 따라서 음악지능이 다른 지능들과 어떤 조합을 이루고 있는지 살펴보는 것이 중요합니다.

예를 들어 음악지능과 함께 논리수학지능이나 언어지능이 높다면, 자신의 생각과 감정을 음악적 구조로 표현하는 데 강점을 보일 수 있습니다. 작사·작곡 능력, 음악 이론 이해, 상징 기호 학습이 자연스럽게 이어지는 경우죠.

또 음악지능과 신체조작지능이 함께 발달했다면 악기를 연주하는 능력과 밀접하게 연결됩니다. 앞서 살펴본 것처럼 지능은 단독으로 작동하기보다 서로 결합되어 하나의 고유한 재능을 만들어냅니다.

우리 사회에서는 아이의 흥미나 적성과 무관하게 유아기부터 피아노, 미술, 태권도 등을 '일단 해보는 경험'으로 시작하는 경우가 많습니다. 남들이 다 하니까 따라가야 한다는 분위기도 여전하죠. 과연 그것이 올바른 교육인지 그리고 무엇이 먼저인지 고민해 볼 필요가 있죠.

음악을 직업으로 하지 않아도, 강점은 남는다

음악지능이 높아도 반드시 음악가의 길을 가야 하는 것은 아닙니다. 소리에 대한 민감도는 삶의 여러 영역에서 강점으로 작용합니다. 특정 목소리를 잘 구분하거나, 단어의 소리를 정확히 기억하거나, 청각 정보를 활용한 학습에서 두각을 나타내기도 합니다. 음악을 자주 듣고 노래를 즐기거나, 반대로 소리에 예민해 조용한 환경을 선호하기도 하죠.

한 개인의 강점 지능이 다른 지능과 어떻게 조화를 이루느

   Part 2 적성편 | 내 맘대로 투자하지 말고 아이의 적성에 투자하자

냐, 그리고 어떤 분야에서 어떻게 사용이 되느냐는 매우 중요한 문제입니다. 누구나 자신에게 강점으로 나타나는 지능이 분명 있습니다. 그것을 이해하고 제대로 사용하도록 도와줄 때, 아이는 자기만의 강점으로 삶을 만들어 갑니다.

그러나 자주 그 반대의 삶을 살아가는 경우도 있지요. 자신의 고유한 프로파일을 살리지 못한 채 사회 기준이나 주변 시선에 맞춰 살아가는 삶이죠. 과연 그 삶이 행복으로 이어질 수 있을까요?

강점을 더 강하게 하는 Good Point

- ☑ 고전·현대·대중음악 등 다양한 장르의 음악에 노출시켜 주세요.
- ☑ 한 가지 이상 악기 연주를 경험해 보게 하세요.
- ☑ 자신의 감정과 생각을 음악으로 표현하는 상징 체계를 배워보도록 도와주세요.

말과 글을 가지고 논다, 언어지능(오른손 무명지)

대뇌피질의 측두엽은 청각구로 음악과 언어에 관여합니다. 지문인적성 검사에서 오른손 무명지(네 번째 손가락)의 분석값(Total Ridge Count)은 언어지능과 연결됩니다.

언어지능이란 듣고, 말하고, 읽고, 쓰는 능력을 아우르는 총체적인 언어 능력으로, 언어에 대한 타고난 재능을 말합니다. 언어지능이 높은 사람은 말하기에 능숙하고, 단어 선택에 대한 감각이 남다르며, 대화 속에서 말의 뉘앙스와 순서, 리듬과 의미에 대한 이해도가 높습니다. 따라서 말뿐 아니라 글쓰기에 대한 감각도 높습니다.

공부 머리의 기반이자 현대사회의 경쟁력

언어지능은 논리수학지능과 더불어 학습에 요구되는 대표적인 지능입니다. 1905년 프랑스 심리학자 알프레드 비네가 개발한 세계 최초의 지능검사(IQ 검사) 역시 언어지능과 논리수학지능을 중심으로 구성되었습니다. 지금은 하워드 가드너 덕분에 다중지능이라는 개념이 일반화되었지만, 아주 오랫동안 인간의 능력을 측정하는 것은 언어지능과 논리수학지능에 의한 IQ가 지배적이었죠.

지금도 전통적인 교육 패러다임 안에서의 공부는 높은 언어지능과 논리수학지능을 요구합니다. 그래서 이 두 지능이 발달한 경우 흔히 '공부 머리'가 타고났다고 표현하죠. 더불어 세상을 살아가는 데 문제해결력의 척도가 되기 때문에 그 중요성은 지금도 여전히 큽니다.

급속한 진화가 거듭 일어나는 현대사회에서 언어지능은 그 어떤 분야를 막론하고 경쟁력입니다. 세상의 모든 것들은 언어로 공유되며, 그 어느 때보다 '소통'의 키워드가 중요한 시대이기 때문이죠.

언어는 크게 수용언어, 표현언어, 화용언어로 나눌 수 있습니다.

수용언어는 듣고 이해하는 능력, 표현언어는 자신의 생각을 말이나 글로 전달하는 능력, 화용언어는 사회적 맥락에 맞게 언어를 사용하는 능력을 말합니다. 언어지능이 높다는 것은 이 세 가지를 균형 있고 효율적으로 활용할 수 있다는 뜻입니다.

지속적이고 질 높은 자극의 필요성

언어지능은 개인의 기질과도 밀접한 관련이 있습니다. 지문 인적성 검사에서 언어지능이 강점으로 나온 민규는 평소 말수가 적은 아이였습니다. 부모는 내성적이고 과묵한 아이에게서 언어지능이 높게 나왔다는 사실에 의아해했습니다.

그래서 기질을 살펴보니 내향형 협조자 성향이었습니다. 협조자 기질은 좀처럼 자기표현을 하지 않는 내향형의 성향입니다. 타고난 기질의 영향으로 표현언어를 덜 사용할 뿐이지 말에 대한 이해가 빠르고 책을 읽는 것도 아주 좋아하는 아이였습니다. 그래서 평소 의사 표현을 적극적으로 하지 않는 내향성 타입이라도 막상 말을 하면 언변이 좋고 자신의 생각을 글로 표현하는 데 강점을 보이기도 합니다.

언어는 태아 시기의 '듣기'에서 시작되어, 자라면서 빠르게 발달합니다. 일반적으로 18개월에서 24개월 사이에 어휘 폭발기를 맞이하게 되는데, 언어지능이 높은 아이들은 같은 발달 단계를 거치더라도 언어 이해도와 단어, 문장 활용 능력에서 뚜렷한 차이를 보입니다.

따라서 부모는 아이와의 대화하면서 이러한 차이를 관찰하고, 그에 맞는 적절한 자극을 제공할 필요가 있습니다. 언어지능이 높은데 무슨 자극이 더 필요하냐고 의아해할 수 있지만, 강점이 강화되기 위해서는 지속적이고 질 높은 자극이 반드시 필요합니다.

이처럼 언어지능은 타고난 기질과도 연관성을 갖는데, 여러 기질 중에서 감성형의 기질은 특히 말을 좋아하는 기질입니다. 감성형은 자기를 표현하고 감정과 관계를 나누는 것에 관심이 높습니다. 이런 것은 대체로 대화를 통해 이루어지죠. 따라서 감성낭만형 기질에 언어지능까지 높다면 강연가, 작가, 방송인, 교사처럼 말과 글을 주로 사용하는 분야에서 탁월한 재능으로 나타날 수 있습니다.

따라서 단순히 언어지능만 보지 말고, 언어지능과 관계된 다른 어떤 지능이 높은지, 또 기질은 어떤 성향을 타고났는지를 함께 살펴보는 것이 필요합니다. 이를 바탕으로 적절한 환경을 제공해주는 것이 좋습니다.

내가 보는 세상을 시각화하다, 자연관찰지능〔왼손 소지〕

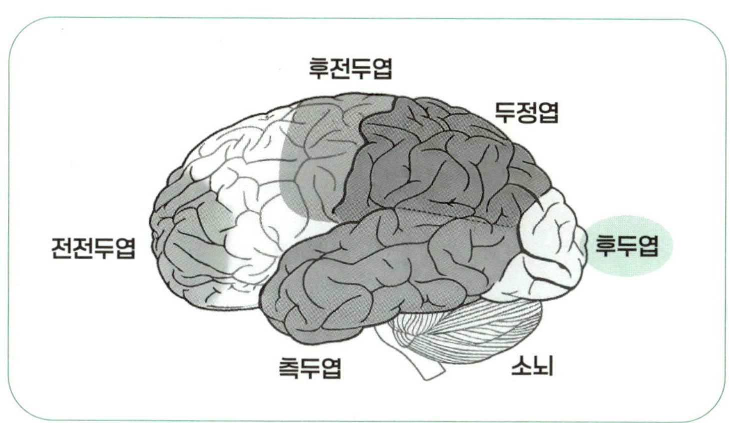

다중지능에서 마지막으로 다룰 영역은 대뇌피질의 후두엽 기능이 강점으로 나타나는 경우입니다. 후두엽은 대뇌피질 머리 뒤쪽에 위치하며 가장 작은 영역입니다. 이곳은 '시각구'로 불리며, 눈을 통해 들어온 시각 정보를 종합해 사물의 위치, 형태, 움직임을 분석하는 역할을 담당합니다.

지문인적성 검사에서 새끼손가락(소지)의 정밀 분석값(Total Ridge Count)이 높을 때, 유전적으로 시각구가 발달되었다고 해석합니다. 왼손 소지, 즉 우측 측두엽은 자연관찰지능, 오른손 소지, 즉 좌측 측두엽은 자연변식지능을 나타냅니다. 그럼 먼저 자연관찰지능에 대해 알아보겠습니다.

눈에 보이거나, 보이지 않거나, 시각화하는 능력

자연관찰지능이란 다양한 대상을 시각화하는 능력을 말합니다. 이것은 시각적으로 인지된 자연 세계뿐만 아니라, 눈에 보이지 않지만 마음에 떠오르는 생각이나 느낌 등을 자기만의 방식으로 이미지화하는 능력까지 포함합니다.

서번트 증후군을 가진 천재 화가 스티븐 윌트셔(Stephen Wiltshire)는 자연관찰지능의 극적인 사례로 자주 언급됩니다. 서번트 증후군이란 발달 장애나 지적 장애를 가진 사람이 특정 영역에서 매우 뛰어난 능력을 보이는 현상을 말하며, 극히 소수에게서 나타납니다.

그는 한번 본 것을 그림으로 그대로 재생하는 능력을 지니고 있어요. 헬기를 타고 공중에서 도시 전경을 본 후 기억만으로 그림을 그리는데, 실제와 거의 일치한다고 해요. 이것은 일반인은 불가능한 암기력과 함께 나타나는 시각적 구현 능력입니다.

그는 세 살에 자폐 스펙트럼 진단을 받았고, 다섯 살에 특수학교에 입학했으며, 여덟 살 무렵부터 본격적으로 도시 풍경을 그리기 시작했다고 합니다. 이러한 이력을 보면 그의 재능은 후천적이 아닌 타고난 재능임을 짐작할 수 있습니다.

자연관찰지능을 강점으로 보이는 또 한 명의 천재는 파블로 피카소입니다. 피카소는 말을 배우기 전 그림을 그리기 시작했다고 하죠. 그의 아버지 역시 식당 장식을 하는 화가였다고 하니, 타고난 시각적 재능 위에 환경적 자극이 더해져 천재성이 빠르게 발현되었을 것으로 보입니다.

창조적인 예술적 지능으로의 확장

자연관찰지능은 단순한 관찰 능력을 넘어, 상상력과 창의력이 결합될 때 예술적 재능으로 확장됩니다. 특히 감성형, 역방향 창의형, 이상주의자 유형의 기질을 함께 지닌 아이가 자연관찰지능을 강점으로 가질 경우, 남다른 감수성과 독창성으로 자신의 재능을 발휘할 수 있습니다.

파블로 피카소의 입체파 그림은 기존 질서를 파괴하고 새로운 개념과 장르를 개척했다는 점에 큰 의미를 가집니다. 당시에는 쉽게 받아들여지지 않는 개념이었다고 하죠. 피카소는 역방향 창의형 기질을 소유한 천재 화가였을까요?

자연관찰지능은 신체조작지능, 공간지능과도 관계가 있습니다. 손끝의 정교함이 자신이 구현하고자 하는 이미지를 더욱 섬세하게 표현하도록 도우며, 공간 감각은 비율과 배치 균형 감각과 관련이 크니까요. 피카소는 회화뿐 아니라 조각에도 재능을 보였다 하니, 자연관찰지능과 함께 신체조작지능과 공간지능까지 우수하게 사용한 거장이었던 것 같습니다.

자연관찰지능이 강점인 아이들은 시각 기능이 발달해 색에 대한 감각도 우수합니다. 옷을 입거나 외모를 표현할 때도 다양한 색을 조합하며 자신만의 스타일을 만들어 갑니다. 공부할 때도 다양한 영상 및 시각적 자료에 흥미를 더 보이며, 노트 정리에서도 색을 활용하거나 자기만의 시각적 질서와 비쥬얼을 이용하는 것을 선호합니다.

따라서 대뇌피질의 어느 영역이 강화돼 있느냐가 학습 방법과 관계가 높다는 사실은 주목할 만합니다. 공부나 다른 무엇

 Part 2 적성편 | 내 맘대로 투자하지 말고 아이의 적성에 투자하자

을 할 때 자신의 강점을 알고 그것을 기반으로 나아갈 때 가장 효율적인 성과가 나타나니까요.

강점을 더 강하게 하는 Good Point

- ☑ 자연 세계에 대한 그림책이나 영상을 다양하게 보여줍니다.
- ☑ 견학이나 여행을 통해 세상에 대한 관찰력을 높여 줍니다.
- ☑ 상상력을 키울 수 있는 독서 또는 다양한 미술 작품을 보고 대화를 나눕니다.

자연과 우주 환경에 대한 감수성, 자연변식지능 (오른손 소지)

왼손 소지에 이어 오른손 소지 지문의 정밀 분석값(Total Ridge Count)이 높을 때, 자연변식지능이 강점으로 작용합니다. 지문 인적성 검사에서 오른손과 왼손 소지는 시각구인 후두엽과 연결됩니다.

혹시 눈썰미가 뛰어난 아이인가요?

자연관찰지능이 눈에 보이는 사물 또는 마음속으로 떠오르는 관념을 이미지로 형상화하는 능력이라면, 자연변식지능은 사물의 차이를 알아차리는 변별력에 대한 민감성이라고 볼 수 있습니다. 이 지능은 동물과 식물, 자연 현상에 대한 관심으로 나타나기도 하고, 사물이나 환경의 미묘한 차이를 구분하고 비교·대조하는 능력으로 드러나기도 합니다.

또 자연뿐 아니라 물건에 대한 변별력 또는 사람의 얼굴, 모습에 민감해서 그 변화나 차이를 금방 알아차립니다. 그래서 이런 사람을 보통 '눈썰미'가 좋다고 평가를 하죠.

유독 반려동물을 좋아하는 아이라면 자연변식지능이 강점으로 타고났는지 살펴볼 필요가 있어요. 자연변식지능이 발달한 아이가 반려동물을 좋아한다는 의미는 그저 일반적으로 예뻐하는 차원을 넘어 성장에 필요한 여러 가지 정보에 밝고, 그 생리 현상이나 전 생애에 대하여 깊은 관심을 가지는 것을 말합니다.

영국의 동물학자 제인 구달은 환경 운동가로 침팬지의 행동 연구 분야에 대한 세계 최고 권위자로 꼽히죠. 침팬지의 어머니로 불릴 정도였으니, 지문인적성 검사를 했다면 자연변식지능이 강점이었을 것으로 보입니다.

자연변식지능이 강점일 때와 약점일 때

준호는 초등학생으로, 엄마와 함께 지문인적성 검사를 받으러 온 친구였습니다. 지문을 이용하여 기질 검사와 함께 대뇌 강도 검사를 진행했는데, 좌측 후두엽이 가장 약점으로 나왔습니다. 즉, 자연변식지능이 약점으로 나온 것이죠. 검사 결과를 듣던 준호 엄마는 갑자기 탄성을 질렀습니다. 준호는 눈앞에 있는 물건도 잘 찾지 못했고, 특히 여러 물건이 함께 있을 때는 더 어려워했다고 합니다. 사실 준호 아빠도 똑같다는 말씀도 덧붙였죠. 유전의 힘은 꽤 센 거 같죠?

자연변식지능이 약점이란 말은 동·식물을 포함 자연 세계에 대하여 관심이 떨어지고, 시각으로 들어오는 사물을 구분, 비교, 대조하는 능력이 약하다는 뜻입니다. 일상에서도 마찬가지여서, 이것이 눈앞에 있는 물건도 잘 찾지 못하는 이유죠.

이런 경우 사물을 분리해서 보는 연습이 필요하고, 그림책이나 사진을 이용하여 전체보다는 부분을 하나하나 보는 훈련이 도움이 됩니다. 틀린 그림 찾기 같은 게임도 사물에 대한 변별력을 키우는 방법이 될 수 있습니다.

자연변식지능이 강점이라면, 꽃이 다 같은 꽃이 아니고 새가

다 같은 새가 아니라는 사실에 민감합니다. 다양한 사물 속에서도 필요한 것은 금방 찾고, 어디에 무엇이 있는지 이미지로 기억을 해내기도 합니다. 엄마의 화장이나 헤어스타일 변화도 금방 알아차리죠.

혹시 배우자가 외모 변화에 둔감해 무관심해 보였던 적이 있다면, 일부러 그러는 것이 아니라 자연변식지능이 약점일 가능성도 있습니다. 시각구의 특성상 변화를 잘 인지하지 못하는 것이지요.

아이가 또래에 비해 한글 읽기가 더디거나 어려워 한다면 자연변식지능을 살펴볼 필요가 있습니다. 문자 역시 시각적 변별을 요구하는 영역이기 때문입니다.

현대사회는 환경 문제가 세계적인 큰 이슈입니다. 아이가 자연변식지능이 높다면 환경 문제, 기상학, 천문학, 생물학 등 자연 및 환경에 관련된 사회적 이슈에 관심을 가질 수 있도록 도와줘 보세요. 자연을 바라보는 섬세한 눈은, 미래 사회에서 매우 중요한 자산이 될 수 있습니다.

강점을 더 강하게 하는 Good Point

- ☑ 동물이나 식물을 키우며 자연에 대한 감각을 키워주세요.

- ☑ 바깥 체험 활동을 하며 세상에 대한 탐구력을 길러주세요.

- ☑ 자연 다큐멘터리를 보며 신비한 자연 현상을 나눠보세요.

7장

나만의 적성을 살리면 세계적인 유니크한 인재가 된다

한 사람에게는 누구나 강점과 약점이 함께 존재합니다.
그러나 강점을 제대로 보지 못하면
그것은 쉽게 약점으로 오해받습니다.
반대로 자신의 강점을 정확히 이해하고 활용하는 사람은,
약점마저도 강점의 일부로 흡수하며 성장합니다.

클래식의 황제 카라얀 : 대인관계지능+음악지능 +신체조작지능

20세기 클래식의 황제로 불리는 헤르베르트 폰 카라얀은 역사상 가장 위대한 지휘자 가운데 한 명으로 알려져 있습니다. 눈을 감은 채 악보 하나 없이 온몸으로 오케스트라를 이끄는 그의 지휘 모습은 깊은 인상을 남깁니다. 그는 세계 최고 수준의 오케스트라인 베를린 필하모닉 오케스트라에서 35년간 종신 지휘자로 활동했으며, 1989년 81세로 세상을 떠난 뒤에도 여전히 음악의 전설로 기억되고 있습니다.

그렇다면 그의 압도적인 재능은 어디에서 비롯된 것일까요?

타고난 재능과 환경이 만나다

《뉴욕 타임스》는 카라얀을 20세기 가장 강력한 음악인으로 꼽았습니다. 이 평가만 보아도 그의 음악지능이 타고난 강점이 었다는 점에는 의심의 여지가 없어 보입니다.

카라얀의 아버지는 의사였는데, 수준급의 아마추어 클라리넷 연주자였다고 합니다. 이는 그가 음악적 감각을 유전적으로 물려받았을 가능성을 보여줍니다. 또한 몸집이 작은 어린 카라얀은 형과의 경쟁심으로 피아노를 시작했다고 전해지는데, 이는 형과 함께 음악 환경 속에서 성장했다는 것을 보여줍니다. 즉 타고난 재능에 더해 부모로부터 제공된 환경이 있었던 거지요.

이처럼 카라얀은 아버지의 영향과 어린 시절부터 이어진 피아노 교육 속에서, 타고난 음악적 재능을 충분히 발현할 수 있는 토대를 쌓아갔습니다. 이후 오스트리아 빈 음대에서 피아노를 전공하던 그는, 은사의 조언을 계기로 연주자에서 지휘자로 삶의 방향을 전환하게 됩니다. 악기 연주로 시작한 카라얀의 음악적 재능은 연주가보다 오케스트라 전체를 아우르는 지휘자로서 명성을 날렸죠.

음악지능을 화려하게 빛낸 또 다른 지능들

오케스트라 지휘자는 영화감독과 비슷한 역할을 합니다. 영화감독이 여러 분야를 아우르며 하나의 작품을 완성하듯, 지휘자 역시 전체를 조율해 하나의 음악을 만들어냅니다. 이를 위해 음악 이론은 물론, 각 악기의 특성과 연주 방식까지 폭넓게 이해해야 합니다.

그러나 타고난 음악적 재능만으로 카라얀과 같은 한 세기를 대표하는 지휘자가 되기는 쉽지 않습니다. 그렇다면 지휘자에게 또 하나 반드시 필요한 강점은 무엇일까요? 바로 대인관계지능입니다.

지휘자는 단원뿐만 아니라 청중까지 아우르는 리더십이 필요한 역할입니다. 카라얀이 이끄는 오케스트라 연주에 많은 사람이 감동하는 이유는, 그만의 독창적인 곡 해석과 함께 무대를 압도하는 카리스마에 있습니다. 이는 오케스트라와 청중 전체를 하나의 흐름으로 묶어내는 대인관계지능에서 비롯된 능력이라 할 수 있습니다.

더 나아가 카라얀의 지휘는 단순한 동작이 아니라, 음악의 흐름과 감정을 몸으로 전달하는 표현 행위였습니다. 리듬과 템포, 미묘한 강약을 전신의 움직임으로 드러내는 신체율동지능, 그리고 손끝과 팔의 섬세한 제스처로 음악적 의도를 정확히 전달하는 신체조작지능이 결합되었기에, 그의 지휘는 하나의 예술로 완성될 수 있었습니다. 이 같은 지능의 조화가 카라얀을 누구도 흉내 낼 수 없는 지휘자로 만든 것입니다.

타고난 리더십은 일상에서도 드러난다

카라얀의 사례는 특별한 천재의 이야기처럼 보일 수 있습니다. 그러나 그의 성공을 가능하게 했던 대인관계지능과 주도성은, 일부 선택받은 사람에게만 주어지는 능력이 아닙니다. 이 지능은 일상의 관계 속에서도, 특히 어린 시절의 행동과 태도 속에서 비교적 분명하게 드러납니다. 다만 그것이 어떻게 해석되느냐에 따라 강점이 되기도, 문제로 오해받기도 합니다.

소연이는 대인관계지능이 강점인 아이였습니다. 그러나 부모는 소연이가 평소 고집이 세고 순종적이지 않다며 이를 단점처럼 이야기하곤 했습니다. 대인관계지능이 강점인 아이에게는 일상에서 자기 주도성이 뚜렷하게 나타납니다. 이는 단순한 고집이 아니라, 어떤 상황에서도 남의 판단에 기대기보다 스스로 생각하고 결정하며 이끌고자 하는 본성에 가깝습니다.

이런 성향은 오케스트라 지휘자와 닮아 있습니다. 지휘자는 전체 흐름을 책임지는 감독과 같은 존재입니다. 감독이 배우나 스태프에게 끌려간다면 작품은 제대로 완성될 수 없겠지요. 마찬가지로 소연이의 주도성은 통제해야 할 문제가 아니라, 이해하고 방향을 잡아주어야 할 강점입니다.

강점을 알아보는 눈이 인생을 바꾼다

한 사람에게는 누구나 강점과 약점이 함께 존재합니다. 그러나 강점을 제대로 보지 못하면 그것은 쉽게 약점으로 오해받습니다. 반대로 자신의 강점을 정확히 이해하고 활용하는 사람은, 약점마저도 강점의 일부로 흡수하며 성장합니다.

지휘자 카라얀은 그 대표적인 사례라 할 수 있습니다. 그는 피아노 연주로 음악을 시작했지만, 자신의 재능이 가장 빛나는 자리로 옮겨 지휘자의 길을 선택했고, 그 선택은 세계적인 명성으로 이어졌습니다. 자신에게 있는 어떤 강점을 어떻게 살리느냐는, 인생의 방향을 바꾸는 결정이 되기도 합니다.

모든 것을 다 강점으로 가지고 태어날 수는 없죠. 그러나 누구나 한 가지 이상 강점은 분명 타고납니다. 중요한 것은 그 강점을 어떻게 이해하고, 어떻게 연결하며, 어떻게 확장하느냐입니다. 카라얀의 독보적인 성취 역시 단 하나의 재능이 아니라, 여러 강점과 약점이 조화를 이루며 만들어낸 결과였습니다. 강점과 약점이 융합되어 최고의 가치로 드러나는 것이죠.

국민 MC 유재석 :
언어지능+대인관계지능
+신체율동지능

유재석은 개그맨, MC, 가수, 연기 등 연예계를 종횡무진 누비며 자신의 재능을 아낌없이 사용하는 사람입니다. 그는 1991년에 KBS 제1기 대학개그제로 데뷔한 이후, 올해로 방송 34년 차를 맞았지요. 다양한 프로그램에서 그만의 입담을 통해 시청자들에게 편한 웃음을 선사하는 유재석의 끼는 어떤 강점이 모여 그 빛을 발휘하는 걸까요?

재능이 있는 곳에 노력을 쏟는다

지문인적성 검사를 통해 대뇌 강도를 분석해보면 대뇌피질의 모든 영역, 즉 전전두엽, 후전두엽, 두정엽, 측두엽, 후두엽이 큰 편차 없이 골고루 발달한 경우가 종종 있습니다. 이런 경우 다중지능에서도 특정 한 영역이 압도적으로 드러나기보다는, 전반적으로 균형 잡힌 능력을 보이게 됩니다.

대뇌피질의 뇌세포가 고르게 분포되어 골고루 능력을 펼칠 수 있다는 얘기죠. 이것은 장점이기도 하고 단점이기도 합니다. 무엇이나 어느 정도 이상 능력을 나타낼 수 있는 다양성의 측면에서는 장점이고, 반면 특출한 것이 없어서 자신의 적성을 찾는 데 어려움을 호소하기도 하거든요. 학창 시절 무엇을 하더라도 큰 불편함 없이 웬만큼 따라갔고, 또 잘한다는 평가까지 받았다면, 각 부위의 대뇌 강도가 영역별로 골고루 발달한 유전자를 갖고 태어났다고 유추할 수 있습니다.

유재석의 가장 큰 특징 역시 다재다능함입니다. 물론 그 이면에는 꾸준한 노력이 있었겠지만, 타고난 재능 위에 노력이 더해질 때와 그렇지 않을 때의 차이는 분명 존재합니다. 그래서 이른 시기에 자신의 적성을 파악하고, 그 지점에 에너지를 집중하는 것이 인생을 훨씬 유리하게 만듭니다. 결국 중요한 것은 어디에 노력을 쏟느냐입니다.

 Part 2 적성편 | 내 맘대로 투자하지 말고 아이의 적성에 투자하자

대인관계지능으로 리드하고, 언어지능으로 끼를 펼치다

여러 프로를 통해 다재다능함을 보이는 유재석이 꾸준히 인정받는 분야가 바로 MC입니다. 다양한 프로그램에서 진행을 주도하며 '국민 MC'라는 평가에 걸맞는 모습을 꾸준히 보여주고 있습니다. 이것을 통해 알 수 있는 것은 그의 다재다능함 속에서도 특히 대인관계지능과 언어지능이 높다고 볼 수 있습니다.

진행자는 주도권을 가진 사람입니다. 진행자란 일방적으로 전달하고 싶은 말만 하는 사람이 아닙니다. 프로그램의 성격과 출연자의 특성을 빠르게 파악하고, 상대의 욕구와 감정을 읽어 내며, 말의 흐름을 조율해야 하는 역할입니다. 주도권을 독점하지 않으면서도 전체 흐름을 놓치지 않는 능력, 이것이 바로 대인관계지능입니다.

그리고 그 안에서 일어나는 자연스러운 화술, 맥락을 파악하며 적재적소의 웃음 코드를 삽입하는 화법, 타인의 말을 귀담아들으며 적절한 맞장구와 응대를 하는 대화 기술 등이 바로 유재석 고유의 탁월한 언어지능 능력이라고 볼 수 있습니다.

또렷한 발음과 안정적인 발성 역시 청각구가 발달된 언어지능의 특징으로 볼 수 있으며, 평소 시사와 상식에 대한 꾸준한 관심은 이러한 강점을 더욱 단단하게 만들고 있습니다.

약점까지도 강점으로 바꾸는 자기효능감

개그맨이라는 직업은 생각보다 신체율동지능을 많이 요구합니다. 이른바 '몸개그'로 불리는 슬랩스틱 코미디는 가장 원초적인 웃음을 만들어내는 방식이지요. 찰리 채플린이 대표적인 예입니다.

유재석 역시 언어 중심의 개그를 주로 사용하지만, 필요할 때는 자신의 몸을 활용해 웃음을 만들어냅니다. 음악 활동을 통해 노래와 춤을 선보이는 모습 역시, 신체율동지능과 음악지능을 적극적으로 활용하는 방식이라 볼 수 있습니다.

지문인적성 상담을 하다 보면 부모들이 자주 하는 질문이 있습니다.

"강점을 키워야 할까요, 약점을 보완해야 할까요?"

사실 두 가지 모두 중요합니다. 그러나 더 중요한 것이 하나 있습니다. 사람은 잘하는 것을 할 때 자기효능감이 생기고, 그 자신감으로 부족한 부분을 보완해 나간다는 점입니다. 그런데 강점을 외면한 채 약점만 바라보면, 노력보다 열등감이 먼저 쌓이게 됩니다. 그래서 우선 강점을 찾아내고 강점 강화 전략으로 나가서 자기효능감이 충분히 생기도록 도와주는 것이 현명한 부모의 역할이겠죠.

사실 유재석의 경우 지금의 위치에 올라오기까지 30년 이상의 세월이 걸린 것이고, 처음부터 만능 개그맨으로 대중의 인기를 누렸던 것은 아니죠. 오히려 동기들 중에서도 가장 늦게 빛을 본 개그맨으로 알려져 있지요. 하지만 그의 끊임없는 노력은 그가 가진 모든 자원을 자기만의 강점으로 발휘하며 다재다능한 개그맨으로, 국민 MC로, 때로는 노래와 춤을 추는 음악인으로 대중을 사로잡고 있는 것입니다.

이런 재능 발휘가 과연 개그맨 유재석만 가능한 일일까요? 그렇지 않습니다. 우리 아이에게도 다중지능은 분명 존재하고, 얼마든지 자신의 고유한 재능을 발판삼아 반짝일 수 있습니다. 부모의 역할은 아이 안에 이미 있는 가능성을 믿고, 그 가능성이 자랄 시간을 허락하는 것입니다.

미디어아트의 개척자 백남준 : 자연관찰지능+공간지능 +자기이해지능

비디오 아트의 아버지로 불리는 백남준은 인생 자체가 파격적인 퍼포먼스가 아니었을까 생각을 합니다. 미술사학자 김홍희는 "백남준을 비디오 아트 창시자라고만 규정하기엔 부족함이 많다"고 말합니다. 20세기에 이미 디지털 세상을 내다보았고 인공위성까지 동원할 만큼 엄청난 배포의 기획자였으니까요.

보이지 않는 미래의 흐름을 본 통찰력

백남준은 우리나라 출신 예술가 중에서 세계적으로 가장 널리 알려진 인물로 평가받습니다. 그는 첨단기술 매체와 인간의

　　Part 2 적성편 | 내 맘대로 투자하지 말고 아이의 적성에 투자하자

공존에 대해 예술로 풀어냈고, 1974년 발표한 논문에서는 '전자고속도로'라는 개념으로 오늘날의 인터넷 시대를 내다보았습니다.

그는 생전에 "예술가는 미래를 사유할 수 있어야 한다"고 말했는데요, 그의 말처럼 미래를 내다보는 통찰력이 남달랐습니다. 그렇다면 백남준은 어떤 지능을 강점으로 타고난 예술가였을까요?

세상을 살다 보면 사람들의 사는 방식은 참 제각각이라는 생각이 듭니다. 하나도 똑같은 삶은 없는 것 같습니다. 그런데 유독 자기를 잘 활용하여 자신답게 살아가는 사람이 있습니다. 지문인적성 검사에서는 이런 사람을 '자기이해지능'이 높은 사람으로 분석합니다.

자기이해지능은 자신의 욕구와 성향, 강점과 한계를 정확히 인지하고, 이를 삶에 효과적으로 적용하는 능력입니다. 이 지능이 강점인 사람은 스스로를 객관화하며 자신의 장단점 등의 자원을 잘 활용합니다. 어떤 일을 하든 성공 확률이 높은 이유도 여기에 있습니다.

자기이해지능은 자신에 대한 깊은 이해를 넘어 타인과 사회, 더 나아가 세상의 이해로 나아갑니다. 백남준은 예술가의 역할이 미래에 대한 사유에 있다고 보았으며 미디어 예술을 통해 세계를 연결하고 소통하고자 했죠. 그의 이런 남다른 철학은 자기에 대한 통찰이었고, 세상을 내다보는 미래학자이자 미디어아트 예술가로서의 통찰이었다고 봅니다. 바로 이런 부분이 '과학자이며 철학자인 동시에 엔지니어인 새로운 예술가 종족의 선구자'로 평가를 받는 이유입니다.

독창적인 사고를 뒷받침한
자연관찰지능과 공간지능

백남준은 1964년 미국으로 이주한 이후, 비디오를 본격적으로 활용한 예술 작업을 전개했습니다. 그는 영상뿐 아니라 조각과 설치, 퍼포먼스를 결합했고, 자유로운 편집을 위해 비디오 신디사이저를 직접 개발하기도 했습니다. 음악과 신체, 기술에 대한 끊임없는 탐구를 통해 오직 자신만의 예술세계를 구축해 나간 것입니다.

이런 행보는 그의 타고난 시각 지능과 공간지능을 분명히 보여줍니다. 자신의 내적 사유와 세상에 대한 통찰, 인간을 포함한 자연 세계에 대한 관찰과 상상력을 평면이나 입체적 공간에

표현하는 능력, 이것이 바로 공간지능이죠.

백남준은 미디어아트의 개척자로 알려져 있습니다. 주로 테크놀로지를 이용하여 실험적이고 창의적인 작품을 세상이라는 지극히 거대한 공간에 펼쳐냈죠. 아마도 그에게는 우주 전체가 자신의 예술적 상상력을 펼칠 공간 아니었을까요?

인간을 바라보는 남다른 관점, 세계를 내다보는 통찰력 그리고 그것을 시각적 이미지로 표현하는 능력에서는 그의 독특한 자연관찰지능을 엿볼 수 있습니다.

자연관찰지능은 이미지 형상화 능력으로 마음에 떠오르는 생각이나 상상력을 이미지로 기획하는 능력, 정확하게 세상을 인지하여 활용하는 능력으로 예술가, 과학자, 엔진니어, 광고 기획자에게 요구되는 능력 중 하나죠.

백남준은 도쿄대학교에서 미술사를 전공한 뒤, 독일 뮌헨대학교에서 철학과 음악학을 공부했고, 이후 프라이부르크 고등 음악원으로 옮겨 학업을 마쳤습니다. 이 이력만 보아도 그는 일찍부터 자신의 독창성을 가진 기질과 적성을 인식하고, 그것을 확장하기 위해 스스로를 끊임없이 훈련해 온 사람임을 알 수 있습니다.

아무리 뛰어난 재능도 하루아침에 완성되지는 않습니다. 타고난 강점이 있다면, 그에 맞는 환경과 훈련이 반드시 필요합니다. 그러나 그 모든 출발점은 하나입니다. 자신이 무엇을 타고났는지를 아는 것, 그것이 모든 성장의 시작입니다.

Part 2 적성편 | 내 맘대로 투자하지 말고 아이의 적성에 투자하자